FORSCHUNGSBERICHTE DES LANDES NORDRHEIN-WESTFALEN

Nr. 1089

Herausgegeben
im Auftrage des Ministerpräsidenten Dr. Franz Meyers
von Staatssekretär Professor Dr. h. c. Dr. E. h. Leo Brandt

Direktor Dipl.-Ing. Hans Stüdemann

Dr. Ing. Fritz Esselborn

Forschungsinstitut an der Fachschule für Metallgestaltung und Metalltechnik Solingen

Untersuchungen über den Einfluß der Zusammensetzung und Gefügeausbildung auf das Härtungsverhalten des Stahles X 40 Cr 13

Springer Fachmedien Wiesbaden GmbH

ISBN 978-3-663-06530-2 ISBN 978-3-663-07443-4 (eBook)
DOI 10.1007/978-3-663-07443-4

Verlags-Nr. 011089

Ursprünglich erschienen bei Westdeutscher Verlag, Köln und Opladen 1962.

Inhalt

I. Einleitung

1. Allgemeines über den Stahl X 40 Cr 13

Für die Herstellung von Messern werden seit ca. 40 Jahren auch hochlegierte Stähle verwendet. Das bei Klingen aus unlegierten Kohlenstoffstählen auftretende Anlaufen, teils auch Rosten, sollte durch die Verwendung rost- und korrosionsbeständiger Stahllegierungen vermieden werden. Dabei waren zunächst erhebliche Schwierigkeiten zu überwinden [1], bis ein Stahl gefunden war, der neben der gewünschten chemischen Beständigkeit auch eine ausreichende Härtbarkeit aufwies. Außerdem durfte der durch die Erhöhung des Legierungsgehaltes gegenüber den Kohlenstoffstählen steigende Verformungswiderstand [2] nicht allzu groß werden, um mit den vorhandenen Verarbeitungsmethoden auch weiterhin arbeiten zu können.
Inzwischen hat sich für diesen Verwendungszweck ein Stahl eingeführt, dessen Hauptlegierungsbestandteil Chrom ist. Der Stahl enthält neben einem Kohlenstoffgehalt von rd. 0,4% ca. 13% Chrom. Dieser Stahl hat die Normbezeichnung X 40 Cr 13 und die Werkstoffnummer 4034.
Der Chromgehalt soll dem Stahl eine ausreichende Beständigkeit gegenüber den normalerweise beim Gebrauch auftretenden Korrosionseinwirkungen geben, während der Kohlenstoff für eine hinreichende Härtbarkeit notwendig ist. Im Glühzustand liegen dabei jedoch Chrom und Kohlenstoff zum großen Teil als selbständige Phase in dem Stahl, und zwar als Chrom-Karbide (Chrom-Kohlenstoff-Verbindungen), vor. Erst durch geeignete Wärmebehandlung (Härtung) werden die Karbide mehr oder weniger gelöst und in Lösung gehalten und sind so erst in der Lage, ihren Einfluß auf Korrosionsbeständigkeit und Härteannahme entsprechend auszuüben.
Der Stahl X 40 Cr 13 kann als Normalqualität angesehen werden. Das schließt jedoch nicht aus, daß für Sonderanforderungen und zur weiteren Verbesserung der Korrosionsbeständigkeit und der Schneideigenschaften Stähle mit noch größerem Legierungsgehalt (neben Chrom werden in gewissem Umfang auch Molybdän und Vanadium zulegiert) für die Herstellung von Schneidwaren angeboten und verwendet werden. Dazu gehören neben den Stählen der Werkstoffnummern 4110 und 4112 auch eine Reihe von Sonderqualitäten, die von einzelnen Firmen entwickelt und in deren Angeboten genannt werden. Diese Stähle werden aber fast ausschließlich nur für besondere Qualitätsansprüche bei der Schneidwarenherstellung eingesetzt, wenn man von den wenigen Firmen absieht, die ihre gesamte Produktion auf diese hochwertigeren Stähle abgestellt haben. Üblicherweise wird der Stahl der Werkstoffnummer 4034 verwendet, wohl nicht zuletzt wegen seiner gegenüber den Sonderstählen vielfach besseren Verarbeitbarkeit und dabei insbesondere besseren Warmverformbarkeit.
Es erschien daher notwendig, die Eigenschaften dieses Stahles durch ent-

sprechende Untersuchungen näher festzulegen, wobei vor allem durch die Verarbeitungsvorgänge auftretende Einflüsse auf die Stahleigenschaften verfolgt werden sollten.

Eine Reihe von Erkenntnissen über das Verhalten des Stahles X 40 Cr 13 liegt bereits vor. Vor allem im Hinblick auf die Wärmebehandlung finden sich manche Hinweise. Neben den ausführlichen Angaben im Atlas zur Wärmebehandlung [3] werden auch im Zusammenhang mit Untersuchungen über andere Eigenschaften des Stahles häufig Ergebnisse über sein Härtungs- und Anlaßverhalten mitgeteilt.

Andere Arbeiten befassen sich mit den für die Verwendung dieses Stahles zur Herstellung von Schneidwaren so wichtigen Schneideigenschaften wie auch mit seinem Korrosionsverhalten. Dabei geht es häufig nicht nur um eine Klärung der durch die Verarbeitung möglichen Beeinflussung dieser Eigenschaften, sondern in besonderem Maße auch um die Entwicklung geeigneter Meßmöglichkeiten, um die Eigenschaftsänderungen erfassen und feststellen zu können.

Durch die bei den bisherigen Untersuchungen gewonnenen Erkenntnisse kann auch das allgemeine Verhalten des Stahles X 40 Cr 13 in den bei der Verarbeitung und Wärmebehandlung üblich angewendeten Bedingungen als bekannt vorausgesetzt werden. Es hat sich aber gezeigt, daß die Vielzahl der Einflußmöglichkeiten zu gewissen Qualitätsunterschieden führt und somit eine genaue Vorausbestimmung einiger für die Schneidwarenherstellung wichtiger Eigenschaften nicht ohne weiteres möglich ist.

2. Aufgabenstellung

Zur Erläuterung der oben aufgeführten Eigenschaftsabweichungen muß zunächst einmal hervorgehoben werden, daß durch die Werkstoffnummer oder die Normbezeichnung der Stahl nur in bezug auf seine Zusammensetzung gekennzeichnet wird, d. h. daß er bestimmte, in gewissen Grenzen festgelegte Eigenschaften aufweist bzw. daß diese sich durch entsprechende Behandlung erzielen lassen. In spezieller Hinsicht unterscheidet sich jedoch jede Charge von der anderen. Darüber hinaus kann auch das Material aus der gleichen Charge bereits vor der Fertigung des Enderzeugnisses, z. B. durch die Vorbehandlung, Unterschiede aufweisen.

Sehr eindeutig sind derartige Unterschiede zunächst von der Zusammensetzung her aufzuzeigen. Erzeugungsbedingt lassen sich die Gehalte der einzelnen Elemente nur innerhalb bestimmter Grenzen einhalten. Da das außer für die Hauptbestandteile (im vorliegenden Fall Kohlenstoff und Chrom) auch für die Verunreinigungen (Si, Mn, P, S, Al, Cu und andere Legierungselemente, wie Mo, V, Ni usw.) zutrifft, sind bereits hierdurch, selbst in den durch die Normung gezogenen engen Grenzen, reiche Variationsmöglichkeiten gegeben.

Schon von der Zusammensetzung her muß also mit Unterschieden gerechnet werden, die durchaus zu der Annahme berechtigen, daß durch sie die Erzielung spezieller Eigenschaften für verschiedene Chargen nicht unbedingt durch die

gleiche Behandlung möglich ist. Auch braucht das Optimum dieser Eigenschaften keineswegs die gleichen Werte aufzuweisen. Wenn man zusätzlich berücksichtigt, daß bei der Herstellung von Schneidwaren aus diesem Stahl verschiedene Eigenschaften (Härte, Schneideigenschaften, Korrosionsbeständigkeit u. a.) nach einer Wärmebehandlung in einer möglichst günstigen Kombination vorhanden sein sollen, so wird daran deutlich, wie vielschichtig diese Probleme werden.
Eigene Untersuchungen haben gezeigt, daß darüber hinaus neben der Auswirkung unterschiedlicher chemischer Zusammensetzung auch noch ein Einfluß durch die Gefügeausbildung des Stahles gegeben sein kann. Hierbei spielt insbesondere die oft sehr unterschiedliche Größe, Ausbildung, Verteilung und Anordnung der Chromkarbide eine erhebliche Rolle. Alle die genannten Faktoren sind, ausgehend von den Schmelz- und Gießbedingungen, bis zur letzten Warmformgebung in weiten Grenzen beeinflußbar. So ist z. B. der für das Erreichen der Eigenschaften des Endproduktes so wichtige Wärmebehandlungsvorgang eng verknüpft mit dem Auflösungsverhalten der Chromkarbide. Es ist daher verständlich, daß die gesamten Herstellungsbedingungen sich im Hinblick auf die Eigenschaften des Schneidwerkzeuges mehr oder weniger deutlich bemerkbar machen müssen. Die vorliegende Arbeit hat zum Ziel, diesen Problemkreis aufzuzeigen und durch Untersuchungen der einzelnen Auswirkungen näher zu erfassen. Man war sich von vornherein darüber im klaren, daß dabei eine restlose Aufklärung aller einzelnen Einflußmomente, schon des Untersuchungsumfanges wegen, gar nicht möglich ist. Vielmehr sollen in entsprechend ausgewählten Versuchsreihen die Tendenzen aufgezeigt werden, denen die Eigenschaften besonders durch die am deutlichsten spürbaren Einflußgrößen folgen.
Ganz bewußt ist darum zunächst nur das Härtungsverhalten des Stahles X 40 Cr 13 näher untersucht worden. Erst nachdem hierüber Erkenntnisse vorliegen, sollen sich weitere Versuche mit dem Anlaßverhalten dieses Stahles befassen. Auch sind zur Beurteilung vorerst als kennzeichnende Eigenschaft nur die Härte herangezogen und die hieraus erhaltenen Ergebnisse durch umfangreiche Gefügeuntersuchungen ergänzt worden.
Zu einem späteren Zeitpunkt sollen die Untersuchungen auch auf andere Eigenschaften, wie insbesondere auf die Korrosionsbeständigkeit und die Schneideigenschaften, ausgedehnt werden, unter Anlehnung an die inzwischen gewonnenen Erkenntnisse. Die Ergebnisse aus diesen Untersuchungen sollen dann in gesonderten Berichten zusammengefaßt werden.

II. Faktoren, die die Eigenschaften des Stahles X 40 Cr 13 beeinflussen

1. Chemische Zusammensetzung

Über die Zusammensetzung des Stahles X 40 Cr 13 finden sich in der Literatur keine einheitlichen Angaben. Im Werkstoffhandbuch Stahl und Eisen von 1953 ist in Abschnitt P 75 für nichtrostende Messer des Haushaltbedarfs u. a. die Analyse wie folgt angegeben:

C = 0,4%
Si = 0,4%
Mn = 0,3%
Cr = 13,0%

Auffallend ist, daß keine Angaben über zulässige Abweichungen von diesen Werten gemacht werden, wie dies in den vorangegangenen Auflagen von 1935 und 1937 der Fall war. In letzteren wurde für den Kohlenstoffgehalt 0,35–0,55% und für den Chromgehalt 13–15% als Analysengrenze angegeben.
Das Stahl-Eisen-Werkstoffblatt Nr. 400 gibt in der 3. Ausgabe von 1960 folgende Zusammensetzung an:

C = 0,40– 0,50%
Mn ≦ 1%
Si ≦ 1%
Cr = 12,0–14,0%

Bei einem Vergleich mit den früheren Angaben dieses Blattes fällt auf, daß der Kohlenstoffgehalt zu höheren Werten verändert und der Bereich für den zulässigen Gehalt an Chrom, Silizium und Mangan bedeutend erweitert wurde.

	Ausgabe 1949	Ausgabe 1954
C	0,38– 0,43%	0,38– 0,45%
Si	0,3 – 0,5 %	< 1%
Mn	–	< 1%
Cr	12,5 –13,5 %	12,0 –14,0 %

Wenn schon diese in zwei maßgebenden Werkstoffnachschlagewerken gemachten Angaben nicht vollständig übereinstimmen, so wird das Bild noch weitaus verwirrender, wenn man die von den einzelnen Firmen herausgegebenen Stahlkataloge zu Rate zieht. Ein großer Teil gibt zwar nur die Zusammensetzung nach der Norm als Typ an mit 0,4% C und 13% Cr, andererseits finden sich aber genügend andere davon abweichende Angaben, wie Tab. 1 erkennen läßt.

Tab. 1 Angaben über C- und Cr-Gehalt für den Stahl X 40 Cr 13, wie er in einigen Stahlwerkskatalogen aufgeführt wird

Katalog Nr.	C %	Cr %	Katalog Nr.	C %	Cr %	Katalog Nr.	C %	Cr %
1	0,42	13–14	10	0,38–0,43	12–14	19	0,40	13–14
2	0,4*	13,0*	11	0,40*	13,0*	20	0,40	12–14
3	ca. 0,35	ca. 13,5	12	0,40*	13,0*	21	ca. 0,4*	ca. 13*
4	0,45	14,0	13	0,40*	13,0*	22	0,38–0,50	12–14
5	0,5	13,0	14	0,40	12–14	23	0,45	13,5
6	0,45	13,0	15	0,38–0,43	13,0	24	0,45	13,5
7	0,38–0,45	12,0–14,0	16	0,38–0,45	13,0	25	0,40*	13,0*
8	ca. 0,35	ca. 13,5	17	0,45	14,0	26	ca. 0,40*	13,0*
9	0,4*	13,0*	18	0,40	13,5	27	0,42	13,5

* Nur Angabe des Typs

In diesem Zusammenhang sind zur Ermittlung der tatsächlich auftretenden Analysenwerte die Chrom- und Kohlenstoffgehalte der dem Werkstoffuntersuchungsamt der Stadt Solingen zur Untersuchung angelieferten und dort analysierten Stähle dieses Typs aus den Unterlagen der letzten Jahre herangezogen worden. In Abb. 1 sind die Daten von C und Cr in Abhängigkeit voneinander in einem Diagramm aufgetragen.

Diese Art der Darstellung läßt erkennen, daß der Chromgehalt in keiner eindeutigen Zuordnung zur Höhe des Kohlenstoffgehaltes steht, wie vermutet werden

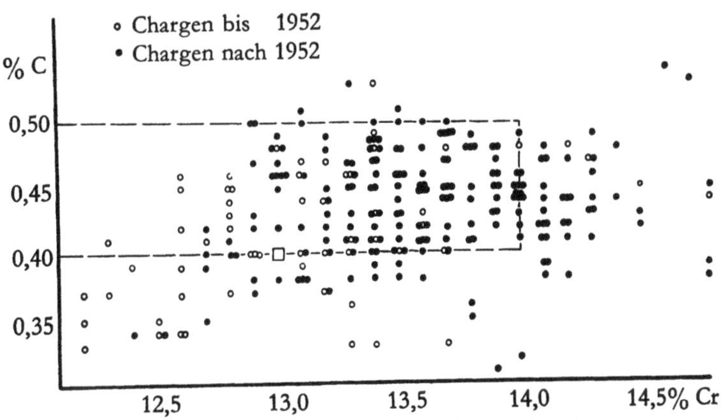

Abb. 1 Chrom- und Kohlenstoffgehalte der dem Werkstoffuntersuchungsamt der Stadt Solingen als Stähle des Typs X 40 Cr 13 zur Untersuchung angelieferten Proben seit 1949

könnte. Dagegen zeigt sich deutlich, daß nach 1952 die Stähle allgemein höhere Chrom- wie aber auch Kohlenstoffgehalte aufweisen.

Innerhalb der Grenzen, die das Stahl-Eisen-Werkstoffblatt 400–460 für den Kohlenstoffgehalt mit 0,40–0,50% und für den Chromgehalt mit 12,0–14,0% angibt, liegen rd. 60% der in Abb. 1 aufgeführten Chargen. Wenn man den recht großen zulässigen Bereich des Chromgehaltes auf 12,5–14,5% heraufsetzen würde, umfaßte er sogar fast 75% der Chargen.

Dabei muß zusätzlich berücksichtigt werden, daß verschiedene im Diagramm aufgetragene Stähle ja keineswegs mehr dem Typ X 40 Cr 13 entsprechen. Zweifellos sind durch Verwechslungen oder dgl. andere Stähle als diesem Typ zugehörig verwendet worden, und der Irrtum klärte sich erst bei den vorgenommenen Untersuchungen auf. Diese Angaben sind jedoch in voller Absicht mit aufgenommen worden, um hierdurch auch auf diesen Umstand und seine Tragweite aufmerksam zu machen.

Aus diesen Aufzeichnungen ist ersichtlich, wie bereits sowohl vom Kohlenstoff- wie auch vom Chromgehalt des Stahles her große Unterschiede erwartet werden müssen. Über die anderen Elemente finden sich nur wenige oder gar keine Unterlagen. Wenn man aber die für Mangan und Silizium laut Stahl-Eisen-Werkstoffblatt 400–60 zulässigen Gehalte mit $\leqq 1\%$ für jedes Element zugrunde legt, so zeigen sich auch von dieser Seite her Möglichkeiten weitestgehender Unterschiede bei Stählen der gleichen Werkstoffnummer.

2. Gefügeausbildung

Weitere Unterschiede sind vom Gefüge her gegeben, wobei insbesondere die Karbide in ihrer Anordnung, Größe und Verteilung eine Rolle spielen. Die Abb. 2–7 mögen das veranschaulichen. Das in Abb. 2 gezeigte Gefüge läßt größtenteils sehr feine Karbide erkennen, von denen ein Teil deutlich die Primärkorngrenzen markiert. Im übrigen kann man eine ziemlich gleichmäßige Verteilung der Karbide feststellen. Eine so gleichmäßige Verteilung ist auch bei dem Gefüge in Abb. 3 zu sehen, auch sind hier wieder die Primärkorngrenzen bevorzugt mit Karbiden belegt, die Karbide sind allerdings merklich größer. Das Gefüge in Abb. 4 zeigt neben einem großen Teil feiner Karbide verschiedene gröbere Karbidausbildungen. Diese Erscheinung ist in Abb. 5 in stärkerem Maße zu beobachten. Bei diesem wie auch bei den folgenden beiden Gefügebildern ist eine stärkere Karbidbesetzung der Primärkorngrenzen nicht mehr festzustellen. Die Gefüge in den Abb. 6 und 7 zeigen erheblich größere Karbide und lassen sogar in der 1000fachen Vergrößerung eine zeilige Anordnung noch schwach erkennen.

Diese Beispiele zeigen, daß tatsächlich von der Karbidanordnung und -größe her mit recht beträchtlichen Unterschieden gerechnet werden muß. Hinzu kommt eine mehr oder weniger ausgeprägte Zeiligkeit, die besonders durch die Verformung des Stahles beeinflußt wird. So zeigte die Karbidanordnung bei gewalzten Stählen immer eine zeilige Tendenz. Allerdings läßt sich eine solche Zeiligkeit im Glüh-

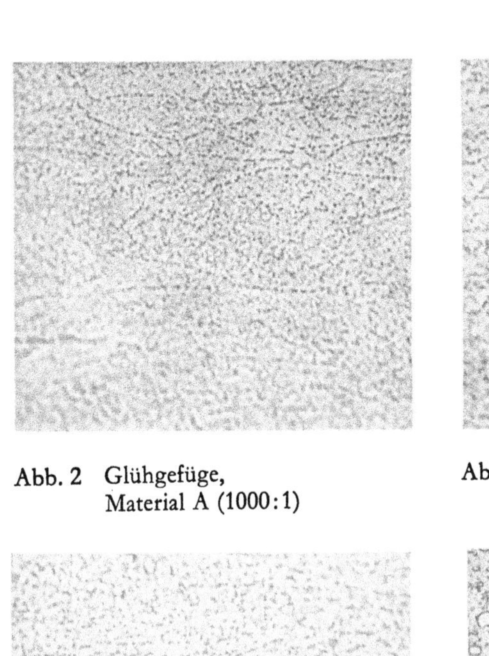

Abb. 2 Glühgefüge,
Material A (1000:1)

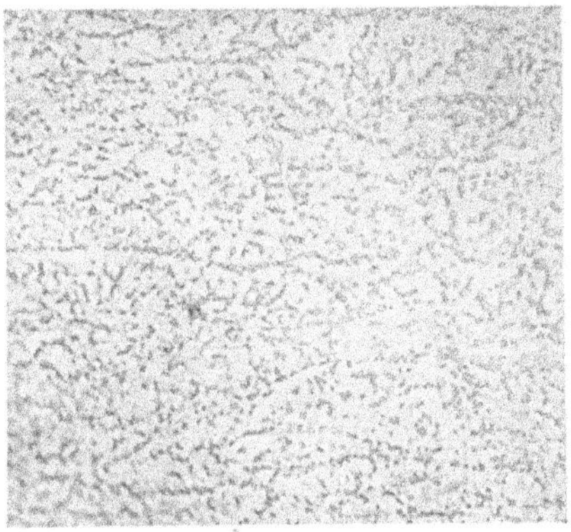

Abb. 3 Glühgefüge,
Material Q' (1000:1)

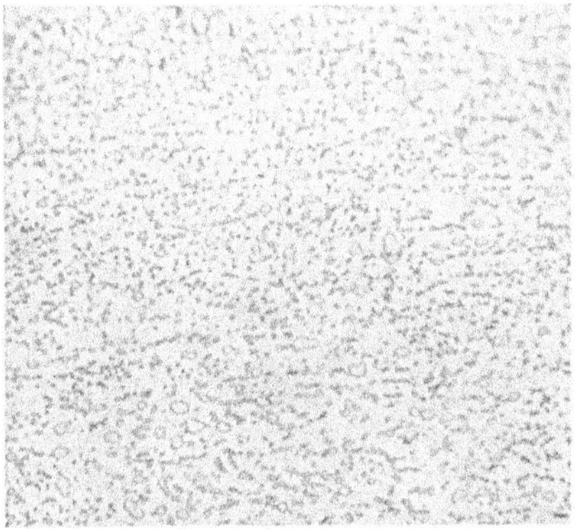

Abb. 4 Glühgefüge,
Material P' (1000:1)

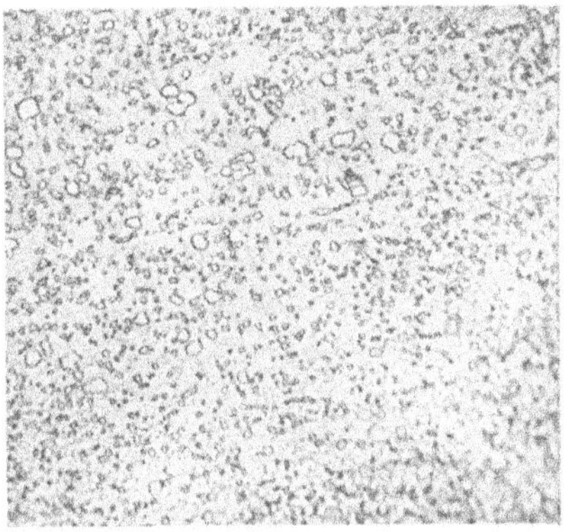

Abb. 5 Glühgefüge,
Material F' (1000:1)

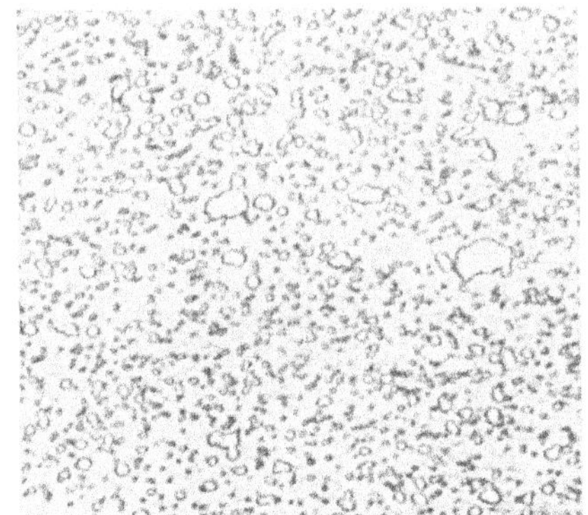

Abb. 6 Glühgefüge,
Material P (1000:1)

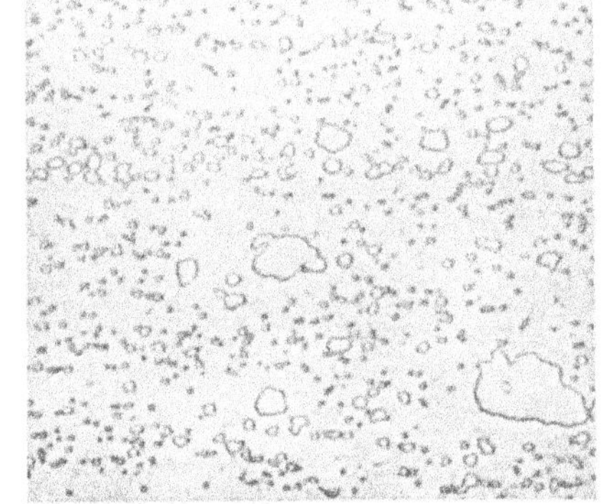

Abb. 7 Glühgefüge,
Material N' (1000:1)

Abb. 8 Material A (250:1), Glühzustand

Abb. 9 Material N' (250:1), Glühzustand

Abb. 10 Material A (250:1), 18' 1080°C Öl

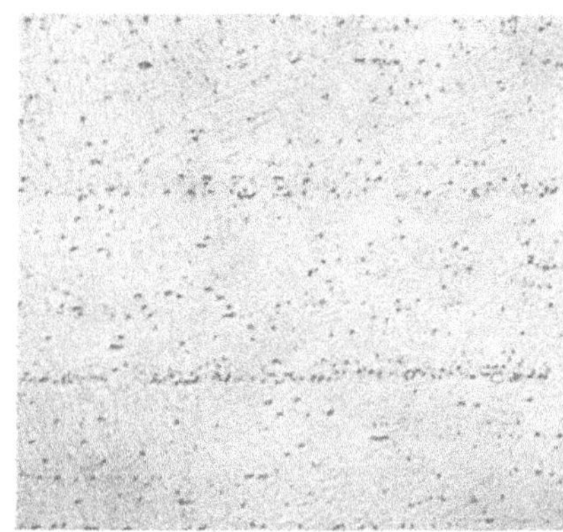

Abb. 11 Material N' (250:1), 18' 1080°C Öl

gefüge nur schwierig feststellen. Sie tritt dagegen bei zunehmender Karbidlösung durch entsprechende Wärmebehandlung immer deutlicher hervor. Die zur Beobachtung solcher Zeilen günstige geringe Vergrößerung des Gefüges eignet sich nicht sonderlich für die Wiedergabe im gerasterten Druck, dennoch mögen zu dem Gesagten vier Bilder ergänzend hinzukommen. Die Abb. 8 zeigt nochmals das Glühgefüge, wie es in 1000facher Vergrößerung in Abb. 2 wiedergegeben wird. Man sieht, daß zeilig stärkere Karbidansammlungen vorliegen. Die durch Karbide markierten Korngrenzen zeigen ein gestrecktes Korn, wie es auch schon in Abb. 2 erkennbar ist. Diese Streckung des Kornes tritt im Verlauf des Walzens auf, und zwar nach Karbidausscheidungen auf den Austenitkorngrenzen. Die Rekristallisation geht nicht über diese Korngrenzen hinaus, so daß auch nach der Rekristallisation die durch die Karbidabscheidungen gekennzeichnete gestreckte Form der Primärkristalle erhalten bleibt.
Die Abb. 9 zeigt in geringerer Vergrößerung das gleiche Gefüge wie Abb. 7. Hier läßt sich ebenfalls eine Zeiligkeit, diesmal aber besonders eine Ausrichtung

der großen Karbide erkennen. Viel deutlicher werden diese zeilenförmigen Karbidanhäufungen jedoch im gehärteten Zustand erkennbar. Durch die Erwärmung sind die Karbide zwar zu einem großen Teil aufgelöst. Jedoch in den Karbidanhäufungen, also vor allem auch in den Karbidzeilen, ist die Lösung noch nicht so weit fortgeschritten wie im übrigen Gefüge. Die Abb. 10 zeigt das Material von Abb. 8, jetzt jedoch nach einer Ölhärtung von 1080°C bei 18 Minuten Erwärmungs- plus Haltezeit. In gleicher Weise ergänzt die Abb. 11 (gehärtet) das Gefüge von Abb. 9 (geglüht).
Die Vermutung, daß sich die vorgenannten Unterschiede auch auf die Karbidauflösung und damit schließlich die Wärmebehandlung und alle damit verknüpften Eigenschaften auswirken, ist dabei naheliegend.

III. Einfluß der bei den Stählen der Qualität X 40 Cr 13 lieferungsbedingten Werkstoffunterschiede auf das Härtungsverhalten

1. Probenmaterial

Bei der Beschaffung des Probenmaterials sollten möglichst die im vorstehenden Abschnitt aufgeführten Materialunterschiede mit erfaßt werden. Aus diesem Grunde wurden von verschiedenen Stahllieferanten Blechabschnitte verschiedener Stärke beschafft, da anzunehmen war, daß die Bleche aus jeweils anderen Chargen stammen würden, was sich später auch bestätigte. So wurden einerseits in größerem Umfang verschiedene Analysen, insbesondere Abweichungen bezüglich des Kohlenstoff- und Chromgehaltes erfaßt, andererseits hatten die Materialproben auch unterschiedliche Gefügeausbildungen, wie die im Abschnitt II, 2 besprochenen Abb. 2–7, die aus diesen Probenmaterialien stammen, zeigen.
Da die teilweise zu beobachtenden sehr großen Karbide in vorwiegendem Maße auf die Schmelz- und Gießbedingungen, kaum jedoch auf spätere Wärmebehandlungseinflüsse zurückzuführen sein dürften, lag die Annahme nahe, darin ein typisches Kennzeichen für die Eigenart der Herstellungsweise eines bestimmten Stahlherstellers zu vermuten. Es hat sich jedoch gezeigt, daß die jeweiligen Karbidausbildungen nicht einem bestimmten Stahlhersteller zuzuschreiben sind.

2. Vorversuche

Um das Verhalten des vielseitigen Probenmaterials zunächst einmal in großen Zügen zu erfassen, wurden Proben jeder Charge aus verschiedenen Temperaturen im Bereich von 950 bis 1150° C gehärtet. Die Erwärmungs- plus Haltezeit betrug 15 Minuten. Nach der Ablöschung wurde die Härte gemessen. Ergänzend wurden ausführliche Bestimmungen der chemischen Zusammensetzung und Gefügeuntersuchungen durchgeführt.
Die Aufstellung von Härte-Härtetemperaturkurven erschien wichtig, da im Schrifttum die Angabe der für diesen Stahl geeigneten Härtetemperatur nicht gleichlautend ist.
So gibt das Werkstoffhandbuch Stahl und Eisen in seiner 3. Auflage von 1953 den Härtetemperaturbereich mit 950–1000° C bei Ölablöschung an. Interessanterweise wurde dagegen in der 1. Auflage von 1935 und der 2. von 1937 speziell die für die Erzielung bester Schneideigenschaften für Messer günstigste Härtetemperatur mit 1030° C (1. Aufl.) bzw. 1020° C (2. Aufl.) aufgeführt.

Demgegenüber ist in den verschiedenen Ausgaben des einschlägigen Werkstoffblattes der Härtetemperaturbereich ständig heraufgesetzt worden.

Werkstoffblatt	Härtetemperatur
400-49	950–1000° C
400-54	960–1010° C
400-60	980–1030° C

Vollständig unterschiedlich wird das Bild bei Durchsicht der Behandlungsanweisungen für diesen Stahl in den Katalogen der Stahllieferanten. Interessehalber sind in Tab. 2 diese Daten einmal herausgezogen und gegenübergestellt worden.

Tab. 2 Härteangaben für den Stahl X 40 Cr 13 aus Firmenkatalogen

Katalog Nr.	Härtetemperatur °C	Katalog Nr.	Härtetemperatur °C	Katalog Nr.	Härtetemperatur °C
1	980–1030	10	950–1000	19	980–1000
2	970–1020	11	960–1010	20	1000–1050
3	1000–1050	12	960–1010	21	950–1000
4	1000–1050	13	950–1000	22	980–1030
5	980–1030	14	960–1010	23	980–1020
6	980–1000	15	950–1000	24	980–1010
7*	960–1000	16	960–1000	25	1000–1050
8	950–1000	17	980–1010	26	960–1010
9	970–1000	18*	980–1030	27	1000–1050

* Diese Daten gehören nicht zu den in Tab. 1 unter gleicher Nr. aufgeführten Angaben.

Die in den Vorversuchen aufgestellten Härte-Härtetemperaturkurven entsprechen bei allen Chargen im Prinzip dem üblicherweise zu erwartenden Verlauf. Zunächst erfolgt mit steigender Härtetemperatur ein Anstieg in der Härte. Das ist darauf zurückzuführen, daß die damit verbundene zunehmende Auflösung der Chromkarbide, die in der Gefügeuntersuchung deutlich beobachtet werden kann, zu einer Erhöhung des Kohlenstoffgehaltes in der Grundmasse führt. Dieser Gehalt an Kohlenstoff in der Grundmasse ist zunächst maßgebend für die Härteannahme, die also mit der Härtetemperatur ansteigt. Gleichzeitig nimmt aber auch der Chromgehalt in der Grundmasse zu und bewirkt ein Senken der Temperatur der Martensitbildung. Die Ausbildung des Härtegefüges (Martensit) beginnt also bei zunehmender Auflösung der Chromkarbide erst bei niedrigeren Temperaturen und ist auch erst bei tieferen Temperaturen beendet. Liegt die Endtemperatur der Martensitbildung jedoch unter der Temperatur des Ablöschmittels, so bleibt die Martensitbildung unvollständig. Das bedeutet, daß ein mehr oder weniger großer Gefügeanteil als Austenit erhalten bleibt (Restaustenit) und damit als weicher Gefügebestandteil zu einer Verminderung der Gesamthärte des Materials führt.
Beide Vorgänge laufen nun nebeneinander ab. So beobachtet man daher auch

anfänglich eine Härtezunahme mit steigender Temperatur, da zunächst der Einfluß der Kohlenstofferhöhung durch Karbidlösung im Grundgefüge überwiegt. In dem Maße, wie bei weiterer Erhöhung der Härtetemperatur der Einfluß des steigenden Restaustenitgehaltes größer wird, verlangsamt sich der Härteanstieg. Die Härte durchläuft ein Maximum, um bei noch höheren Temperaturen wieder abzufallen. Der Restaustenit übt bei sehr hohen Temperaturen nunmehr auf die Härteannahme einen überwiegenden Einfluß aus.

Bei einem großen Teil der untersuchten Chargen liegt übereinstimmend das Härtemaximum im Bereich von 59 bis 60 HRC. Die jeweiligen Härtetemperaturen liegen ungefähr zwischen 1040 und 1070° C, weisen also nicht unerhebliche Differenzen auf. Einige Chargen zeigten jedoch von diesen Daten abweichendes Verhalten. Vor allem erreichten verschiedene Proben nur eine Höchsthärte von 57 bis 58 HRC.

Die Gefügeuntersuchungen zeigten die schon oben besprochene Charakteristik der mit steigender Härtetemperatur zunehmenden Karbidauflösung. Deutlich erkennbar ist, daß die größeren Karbide schwieriger oder z.T. gar nicht bei den gewählten Härtungsbedingungen gelöst werden. Natürlich genügt die Gefügebeurteilung nicht, um alle beobachteten Erscheinungen restlos zu klären. Zum Beispiel ist daraus wenig über die in der Grundmasse gelösten Kohlenstoff- und Chromgehalte auszusagen. Ebenso gibt die Gefügeuntersuchung keine erschöpfende Auskunft über den Restaustenitgehalt. Da jedoch mit den vorhandenen Möglichkeiten der Härtemessung und Gefügeuntersuchung allein schon für die Praxis brauchbare und wichtige Hinweise gewonnen werden können, ist hier auf eine weitere Ausdehnung der Untersuchungen verzichtet worden. Wie sich im Laufe der Arbeit herausgestellt hat, liegen die Fragen, die zu ihrer Klärung des Einsatzes anderer Versuche und Untersuchungsmethoden bedürfen, außerhalb des für die Praxis interessanten Härtungsbereiches, und zwar im Gebiet der Überhitzung oder Überzeitung. Somit ist es gerechtfertigt, die Beschäftigung mit diesen Problemen späteren Arbeiten zu überlassen.

Die chemische Untersuchung ergab, daß der größte Teil der Proben außer dem beabsichtigten unterschiedlichen Kohlenstoff- und Chromgehalt keine wesentlichen Unterschiede in den Gehalten an Si, Mn, S, P, Mo, V, Ni, Cu und Al aufwies. Einige Proben jedoch enthalten mehr als einige Hundertstel Prozent Mo, verschiedene andere unterscheiden sich im Siliziumgehalt, der z.T. sehr niedrig (0,1–0,2%), z.T. erheblich hoch (0,6–0,8%) liegt.

Selbstverständlich ließen diese Vorversuche nur einen allgemeinen Überblick über das Verhalten des Materials zu, ohne daß hieraus bereits eindeutig die Auswirkung der verschiedenen Einflußfaktoren aufgezeigt werden konnte.

Im weiteren Verlauf der Prüfungen wurden an Hand der vorliegenden Ergebnisse Chargen zur Untersuchung ausgewählt, die sich möglichst nur in einer ihrer Eigenschaften voneinander unterschieden, um ein klares Bild über den Einfluß dieser speziellen Abweichung zu erhalten.

3. Härteversuche an einigen ausgewählten Chargen

a) Unterschiede im C- und Cr-Gehalt

Ursprünglicher Anlaß zur Aufnahme dieser Untersuchungen war die Beobachtung, daß innerhalb des Analysensollbereiches doch beträchtliche Schwankungen des Kohlenstoff- und Chromgehaltes zugelassen werden und in den Stählen des Typs X 40 Cr 13 praktisch auch vorhanden sind. So wurden zunächst die Einflüsse, die durch die Konzentrationsabweichungen dieser beiden Legierungselemente gegeben sind, näher untersucht.

Wie schon im vorstehenden Abschnitt näher ausgeführt, sagt die Gesamtanalyse nicht alles über den Stahl aus. Vielmehr spielt der Kohlenstoff- und Chromgehalt, der frei in der Grundmasse gelöst ist, eine ausschlaggebende Rolle. Die Menge an gelöstem C- und Cr-Anteil hängt aber nicht nur von ihren Gesamtgehalten, sondern vor allem von der Auflösbarkeit ihrer Verbindungen, d. h. der Karbide und somit auch von der Karbidgröße und -verteilung ab. Dennoch ist die Angabe des gesamten Gehaltes an Kohlenstoff und Chrom für die Charakterisierung des Stahles notwendig, und es muß von seiten der Praxis von diesen Gegebenheiten ausgegangen werden. So wurden auch hier die zu untersuchenden Chargen nach diesen Analysendaten ausgewählt.

In Tab. 3 sind zunächst Chargen fast gleichen Kohlenstoffgehaltes aufgetragen, die sich im wesentlichen im Chromgehalt unterscheiden. Die übrigen Bestandteile liegen in vergleichbaren Grenzen. Jeweils drei Proben jeder Charge wurden von 1045° C in Öl gehärtet. Die Erwärmungs- plus Haltezeit betrug 18 Minuten. Diese Haltezeit liegt in der für Untersuchungen mit verschiedenen Zeiten gewählten Abstufung und wurde deshalb auch vielfach für die anderen Untersuchungen verwendet, um eine gewisse Vergleichbarkeit zu gewährleisten. Die erzielten Rockwellhärten sind als Mittelwert von mindestens fünf Einzelmessungen je Probe für die drei Proben in der Tabelle mit eingetragen.

Tab. 3

Lfd. Nr.	C (%)	Cr (%)	Härte (HRC)		
			1	2	3
1	0,48	13,4	59	58	59
2	0,49	13,7	58	57	58
3	0,48	14,0	57	58	57,5
4	0,48	14,1	57	57	57,5
5	0,49	14,5	57	56,5	55,5

Den Werten ist zu entnehmen, daß mit steigendem Chromgehalt eine geringe Verminderung der erreichbaren Härte erfolgt. Durch die Erniedrigung des Mf-Punktes (Temperatur des Endes der Martensitbildung) mit zunehmendem freiem Chromgehalt ist auch hier durchaus mit einer Erhöhung des Restaustenitgehaltes zu rechnen und die Härteverminderung erklärlich.

In Tab. 4 sind in gleicher Weise Chargen zusammengefaßt, die sich bei fast gleichem Chromgehalt im Kohlenstoffgehalt unterscheiden. Auch hierbei liegen die übrigen Bestandteile in vergleichbaren Grenzen. Die Härtung erfolgte ebenfalls in oben angegebener Weise.

Tab. 4

Lfd. Nr.	C (%)	Cr (%)	Härte (HRC) 1	2	3
1	0,41	13,8	53	54	54,5
2	0,44	13,7	55,5	56	56,5
3	0,47	13,8	57,5	57	57
4	0,47	13,7	57,5	57	58
5	0,49	13,7	58	57	58

Die Angaben in Tab. 4 lassen trotz gewisser Streuungen in den Werten der Härteprüfung erkennen, daß die Erhöhung des C-Gehaltes zu einer in gewissen Grenzen höheren Härte führt. Es muß dabei berücksichtigt werden, daß die wenigen Proben, die für den hier vorgenommenen Vergleich geeignet, also in den anderen Bedingungen vergleichbar waren, nicht genügen, um weiterführende Schlüsse aus den Ergebnissen zu ziehen oder gar quantitative Aussagen über die Größe der durch bestimmte Konzentrationsänderungen erzielten Abweichungen zuzulassen. Es konnte aber die Wirkung der beiden Hauptlegierungselemente hierbei gut dargelegt werden.
Zur Ergänzung dieser Aussagen wurden nachfolgend noch zwei Chargen untersucht, die sowohl im C-Gehalt als auch im Cr-Gehalt verschieden vorlagen. Wie die Analysenangaben in Tab. 5 zeigen, sind die beiden Chargen in ihren zusätzlichen Legierungsbestandteilen kaum verschieden.

Tab. 5

%	Materialbezeichnung F	Q'	%	Materialbezeichnung F	Q'
C	0,39	0,49	Cr	14,9	13,4
Si	0,43	0,49	Mo	0,02	Sp
Mn	0,46	0,41	V	Sp	Sp
P	0,023	0,021	Ni	Sp	Sp
S	< 0,01	< 0,01	Cu	0,07	0,07
			Al	< 0,10	< 0,10

Die Karbidgröße und -anordnung beider Probenmaterialien ist ebenfalls vergleichbar, so daß evtl. zu beobachtende Unterschiede im Härteverhalten den verschiedenen Gehalten an Chrom und Kohlenstoff zuzuschreiben sind.
Die Härte-Härtetemperaturkurven beider Proben sind in Abb. 12 wiedergegeben. Die Härtung erfolgte jeweils nach 18 Minuten Erwärmungs- plus Haltezeit und anschließendem Ablöschen in Öl.

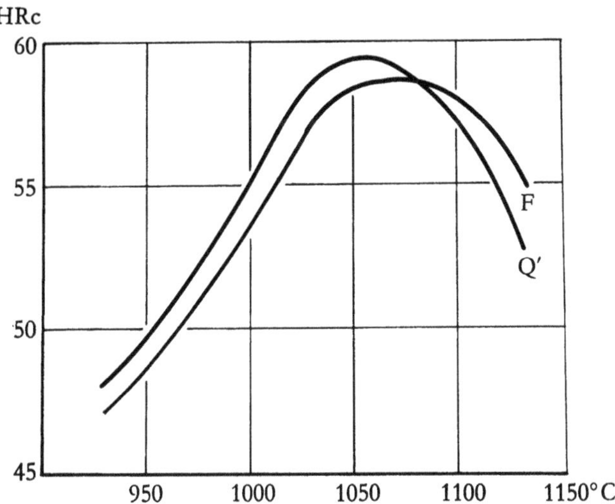

Abb. 12 Härte-Härtetemperaturkurven von Stählen des Typs X 40 Cr 13

Der Verlauf dieser Kurven zeigt, daß das Material Q' mit höherem Kohlenstoffgehalt und geringerem Chromanteil zunächst bei steigenden Härtetemperaturen 1,5–2 RC höhere Härte annimmt als Material F. Das ist auch durchaus erklärlich, da durch den höheren Kohlenstoffanteil dieser Charge die Härtbarkeit begünstigt wird. Allerdings führt vermutlich der höhere Kohlenstoffgehalt schließlich bei höheren Temperaturen zu einer so starken Erniedrigung der Mf-Temperatur, daß ein größerer Anteil an Restaustenit, als es bei Material F der Fall ist, erhalten wird. Werkstoff F zeigt dagegen demzufolge bei Temperaturen, die oberhalb der üblichen Härtungsbedingungen liegen, eine höhere Härteannahme als Werkstoff Q'. Dieses eine Beispiel kann natürlich nicht genügen, eine endgültige Klärung der hier wirksamen Einflüsse zu geben. Dazu bedarf es eines größeren Versuchsumfanges sowohl in bezug auf das zur Verfügung stehende Probematerial als auch vom Einsatz weiterer Untersuchungsmethoden her, so daß dieser Problemkreis späteren Arbeiten vorbehalten bleiben soll.

b) Unterschiede in der Karbidgröße und Karbidanordnung

Neben den Einflüssen der Legierungsunterschiede im Kohlenstoff- und Chromgehalt sollte auch die Verschiedenheit der Karbidausbildung und -verteilung in ihrer Auswirkung auf das Härtungsverhalten näher untersucht werden.

Für die Versuche wurden zunächst zwei Chargen ausgewählt, deren Analyse sehr ähnlich lag (Tab. 6), um von dieser Seite mögliche zusätzliche Einflüsse weitgehend auszuschalten.

Von diesen Stählen wurden Härte-Härtetemperaturkurven aufgenommen, die in Abb. 13 wiedergegeben sind. Die Erwärmungs- plus Haltezeit betrug in allen Fällen auch hier 18 Minuten, die Ablöschung erfolgte in Öl. Für jede Härtetemperatur wurden gleichzeitig je drei Proben gehärtet. Die Härte wurde nach

Tab. 6

%	Materialbezeichnung U	P	%	Materialbezeichnung U	P
C	0,46	0,48	Cr	14,1	14,1
Si	0,12	0,14	Mo	0,07	0,09
Mn	0,35	0,35	V	Sp	Sp
P	0,020	0,022	Ni	Sp	Sp
S	< 0,01	< 0,01	Cu	0,05	0,05
			Al	< 0,10	< 0,10

Rockwell gemessen. Die in der Kurve eingetragenen Punkte sind die an den drei Proben gemessenen höchsten und niedrigsten Härtewerte. Wie die Abb. 13 erkennen läßt, liegt eine fast vollständige Übereinstimmung des Härteverlaufes mit der Härtetemperatur zwischen beiden Stählen vor.
Die Gefügeaufnahmen in den Abb. 14–19 sind dieser Versuchsreihe entnommen. Sie zeigen die mit steigender Härtetemperatur zunehmende Auflösung der Karbide. Man erkennt, daß die Karbide bei dem Material U (Abb. 14–16) feiner sind und auch weitergehend gelöst werden als bei Material P (Abb. 17–19). Am deutlichsten ist dieser Unterschied bei den überhitzten Proben vorhanden. Während bei 1130°C Härtetemperatur bei U (Abb. 16) bereits fast alle Karbide gelöst sind, sind bei P (Abb. 19) noch zahlreiche ungelöste, insbesondere größere Karbide vorhanden.
Bemerkenswert ist, daß sich dieses unterschiedliche Auflösungsverhalten nicht auf die Härteannahme bei der Wärmebehandlung auswirkt. Es sei an dieser Stelle jedoch schon darauf hingewiesen, daß bei erheblich kürzeren Haltezeiten dann doch ein solcher Einfluß beobachtet wurde, wie in Abschnitt III.3.d noch beschrieben wird.

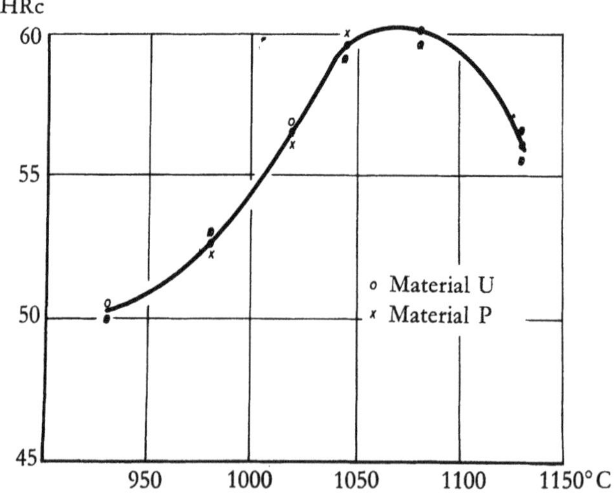

Abb. 13 Härte-Härtetemperaturkurven zweier Stähle des Typs X 40 Cr 13

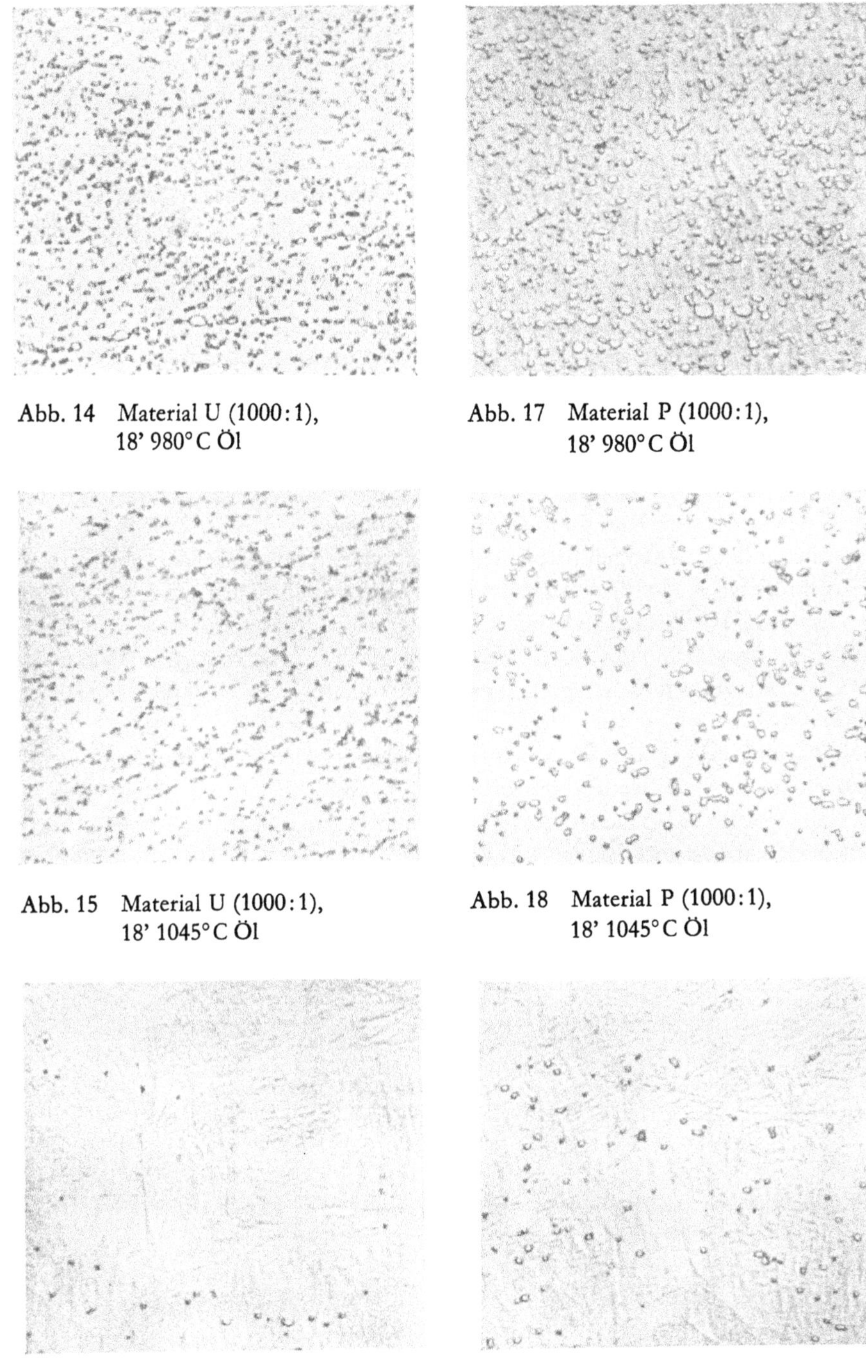

Abb. 14 Material U (1000:1), 18' 980° C Öl

Abb. 15 Material U (1000:1), 18' 1045° C Öl

Abb. 16 Material U (1000:1), 18' 1130° C Öl

Abb. 17 Material P (1000:1), 18' 980° C Öl

Abb. 18 Material P (1000:1), 18' 1045° C Öl

Abb. 19 Material P (1000:1), 18' 1130° C Öl

c) Unterschiede im Siliziumgehalt

Bei den Versuchen an Proben mit unterschiedlicher Karbidgröße und -anordnung wurden auch zwei weitere Chargen (N' und A) verglichen. Diese zeigten jedoch im Gegensatz zu den im vorigen Abschnitt beschriebenen ein deutlich unterschiedliches Verhalten. Die Härte-Härtetemperaturkurven sind in Abb. 20 wiedergegeben. Wiederum liegt dieser Abbildung eine Härtung nach 18 Minuten Erwärmungs- plus Haltezeit durch Abschrecken in Öl zugrunde. Man erkennt deutlich, daß die Proben der Charge N' eine erheblich geringere Härte annehmen.
Weiterhin wurde die Gefügeausbildung der Proben untersucht. Für die hier wiedergegebenen Gefügebilder wurden die nach einer Erwärmungs- plus Haltezeit von 24 Minuten gehärteten Proben herangezogen, da hierbei die Unterschiede noch eindeutiger aufzuzeigen waren. Aus den Gefügeaufnahmen in den Abb. 21–26 ist ersichtlich, daß bei der Charge A die sehr viel feineren Karbide rascher gelöst werden (Abb. 21–23). Dagegen weist das Material N' sogar nach einer Härtung von 1130° C bei einer Erwärmungs- plus Haltezeit von 24 Minuten noch etliche gröbere Karbide auf (Abb. 26).
Aus diesen Beobachtungen hätte geschlossen werden können, daß durch die Bindung größerer Kohlenstoffmengen in den schwerer löslichen großen Karbiden des Materials N' die erzielbare Härte geringer als bei Material A liegt. Allerdings darf nicht übersehen werden, daß durch den gleichfalls verringerten Legierungsanteil der Restaustenitgehalt geringer sein muß und somit einen entgegengesetzten Einfluß ausübt.
Nun hat sich aber bei den im Abschnitt III. 3. b beschriebenen Versuchen gezeigt, daß ein Einfluß von der Karbidgröße her nicht festzustellen war. Wenn auch bei den hier vorliegenden beiden Chargen der Unterschied in der Karbidgröße noch erheblich stärker ist als bei den Proben U und P in Abschnitt III. 3. b, so ist doch

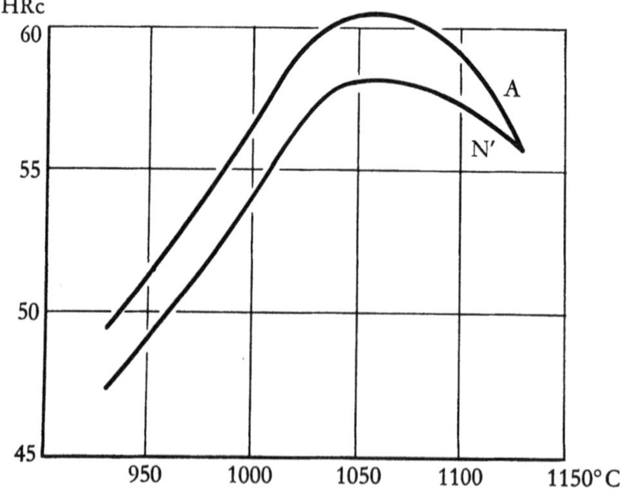

Abb. 20 Härte-Härtetemperaturkurven zweier Stähle des Typs X 40 Cr 13

Abb. 21 Material A (1000:1), 24' 980°C Öl

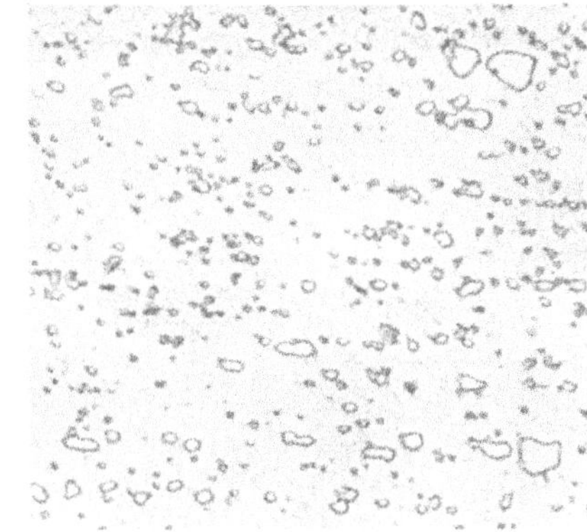

Abb. 24 Material N' (1000:1), 24' 980°C Öl

Abb. 22 Material A (1000:1), 24' 1045°C Öl

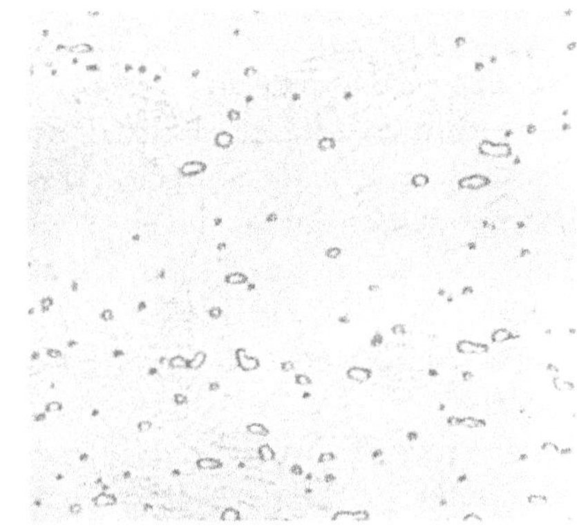

Abb. 25 Material N' (1000:1), 24' 1045°C Öl

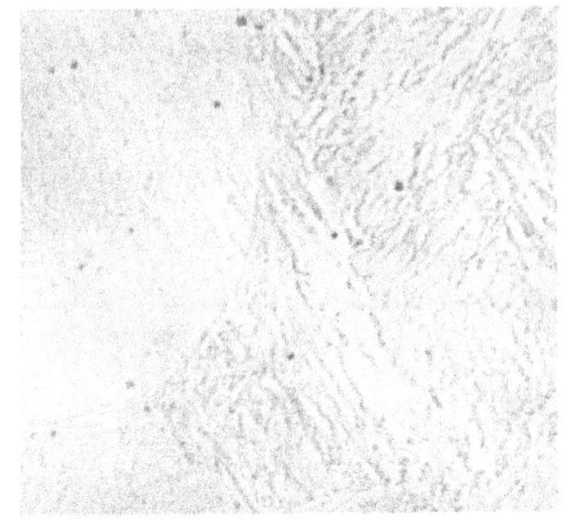

Abb. 23 Material A (1000:1), 24' 1130°C Öl

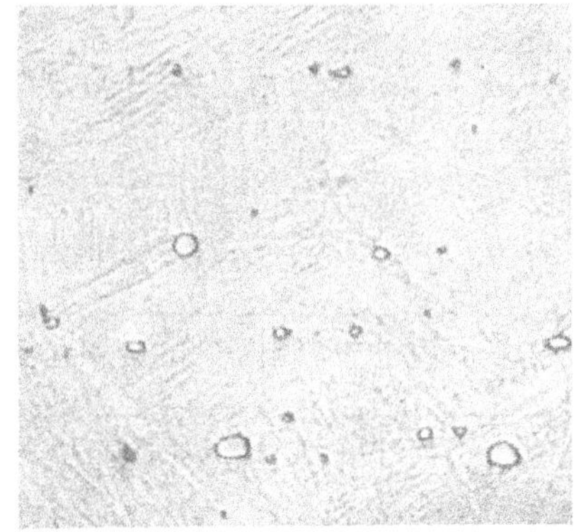

Abb. 26 Material N' (1000:1), 24' 1045°C Öl

kaum anzunehmen, daß die Beeinflussung der Härte durch die Karbidgröße sich in so starkem Maße bemerkbar macht. Folglich mußte im vorliegenden Falle eine andere Einflußgröße zusätzlich oder sogar alleine eine beachtliche Rolle spielen.

Tab. 7

	Materialbezeichnung			Materialbezeichnung	
%	A	N'	%	A	N'
C	0,42	0,41	Cr	13,6	13,6
Si	0,32	0,85	Mo	Sp	0,03
Mn	0,33	0,39	V	Sp	Sp
P	0,024	0,031	Ni	Sp	Sp
S	< 0,01	< 0,01	Cu	0,06	0,09
			Al	< 0,10	< 0,10

Die Zusammensetzung beider Chargen (Tab. 7) zeigt, daß neben Kohlenstoff und Chrom auch alle anderen Elemente, mit einer Ausnahme, und zwar Silizium, in vergleichbaren, oft fast gleichen Gehalten vorhanden sind.

Da Silizium in starkem Maße das γ-Gebiet abschnürt, kann also durchaus bei höherem Si-Gehalt auch mit einer Erhöhung des Ferritanteiles gerechnet werden. Der erhöhte Ferritanteil muß sich aber auf eine verringerte Härteannahme auswirken. Das wäre der Fall bei der Charge N', die mit 0,85% Si einen um ca. 1,5 HRC niedrigeren Härtewert als die Charge A aufweist, die nur 0,32% Si enthält.

Selbstverständlich reichte dieses eine Beispiel nicht aus, eine Aussage bezüglich der Einflüsse des Si-Gehaltes zu machen, da ja vor allem auch das Gefüge im Hinblick auf die Karbide und ihre Auflösbarkeit unterschiedlich vorliegt, wenn auch nach den Versuchsergebnissen im Abschnitt III. 3. b von dieser Seite kaum ein wesentlicher Einfluß anzunehmen war.

Deshalb wurden zwei weitere Chargen in die Untersuchungen einbezogen. Sie sollten wiederum möglichst gleiche Zusammensetzung aufweisen und sich nur im Si-Gehalt deutlich unterscheiden. Die Zusammensetzung ist aus Tab. 8 zu entnehmen.

Tab. 8

	Materialbezeichnung			Materialbezeichnung	
%	C'	P'	%	C'	P'
C	0,46	0,46	Cr	13,5	13,6
Si	0,08	0,59	Mo	0,05	0,05
Mn	0,33	0,39	V	Sp	Sp
P	0,022	0,028	Ni	Sp	Sp
S	< 0,01	< 0,01	Cu	0,07	0,08
			Al	< 0,10	< 0,10

Die Bedingung vergleichbarer Karbidgröße in beiden Werkstoffen konnte mit den zur Verfügung stehenden Proben nicht restlos erfüllt werden. Die Unterschiede sind jedoch nicht größer als bei den Proben U und P, bei denen ein Einfluß von der Karbidgröße her nicht nachgewiesen werden konnte.

Je drei Proben der Chargen C' und P' wurden nach 18 Minuten Erwärmungs- plus Haltezeit von 1045°C in Öl abgelöscht. Die Härteprüfung nach Rockwell ergab:

C' 59; 59; 59,5 HRC
P' 57; 58; 58 HRC

Wenn der Unterschied in der Härteannahme auch nur eine Rockwell-Einheit beträgt, so ist er doch ganz eindeutig. Das Härtungsgefüge beider Proben ist in den Abb. 27 und 28 wiedergegeben.

Wie beschrieben, sind die Größenunterschiede der Karbide gering und eine Beeinflussung der Härteannahme nicht nachzuweisen. So muß der Unterschied in der erzielten Härte auch hier den verschiedenen Siliziumanteilen im Material zugeordnet werden.

In diesem Zusammenhang sei auch nochmal auf die Härte-Härtetemperaturkurven der Materialien Q' (Abschnitt III.3.a) sowie U und P (Abschnitt III.3.b) verwiesen. Die Chargen U und P unterscheiden sich in geringem Maße in der Karbidgröße, die Größe der Karbide des Materials Q' liegt innerhalb dieser Grenzen. Die Zusammensetzung unterscheidet sich etwas im Chromgehalt, der bei U und P mit 14,1% höher als bei Q' mit 13,4% liegt, und im Siliziumgehalt, der bei U und P mit 0,12 bzw. 0,14% wesentlich niedriger ist als bei Q' mit 0,49%.

Die Härteannahme der Chargen U und P ist mit über 60 HRC um gut 1 RC höher als bei Q'. Die Karbidgröße scheidet nach dem Gesagten als Ursache aus. Der Unterschied im Cr-Gehalt müßte eher ein gegenteiliges Verhalten erwarten lassen, nämlich eine höhere Härte bei Charge Q' mit niedrigerem Chromanteil. So ist die Erklärung auch hier wieder eindeutig im Unterschied des Si-Gehaltes zu suchen.

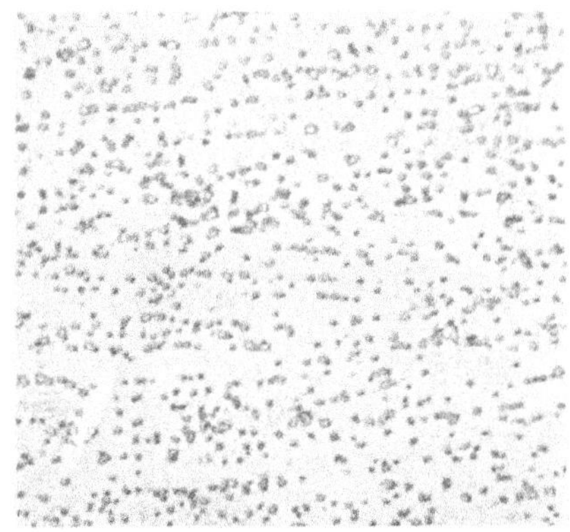

Abb. 27 Material C' (1000:1), 18' 1045°C Öl

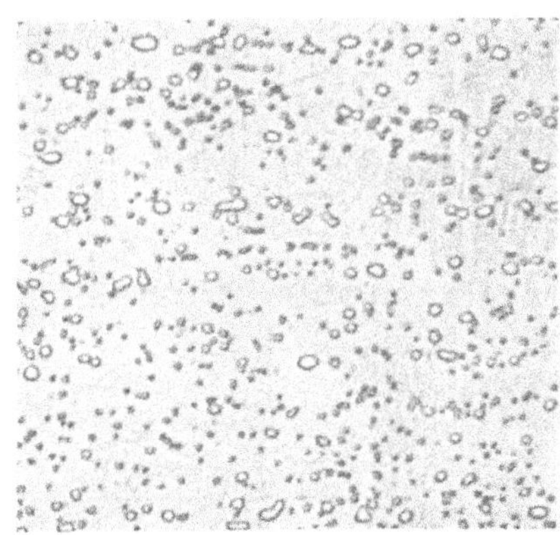

Abb. 28 Material P' (1000:1), 18' 1045°C Öl

d) Einfluß der Haltezeit

Neben der Austenitisierungstemperatur spielt natürlich auch die Haltezeit bei dieser Temperatur eine Rolle. Dies ist um so mehr zu beachten, als ja bei den vorliegenden Stählen neben der Umwandlung von Ferrit in Austenit auch die Auflösung der Karbide erfolgen muß. Somit war es interessant, durch Variieren der Haltezeit auch diesem Einfluß nachzugehen. Es sei nochmals darauf hingewiesen, daß die angegebene Zeit die jeweilige Gesamtdauer des Erwärmens und Haltens auf Temperatur darstellt. Der Einfluß der Haltezeit soll an Hand der Abb. 29, 30 und 34 näher erläutert werden.

Die Abb. 29 zeigt die Abhängigkeit der Härte von der Erwärmungs- plus Haltezeit für verschiedene Chargen bei einer Härtetemperatur von 930° C. Man erkennt ein langsames Ansteigen der Härte bei allen Chargen. Daraus kann geschlossen werden, daß die hier gewählten Zeiten zur Einstellung eines Gleichgewichtes nicht ausreichen. Vielmehr lösen sich mit der Zeit nach und nach mehr Karbide, so daß der erhöhte gelöste Kohlenstoffanteil in der Grundmasse auch zu einer höheren Härte führt.

Bei einer Austenitisierungstemperatur von 1045° C zeigen die Kurven (Abb. 30) fast ausschließlich nur bis zu Erwärmungs- plus Haltezeiten von zwölf Minuten einen mehr oder weniger deutlichen Anstieg, darüber hinaus ist bis zu 30 Minuten praktisch kein Ansteigen der Härte mehr festzustellen. Man ist geneigt, anzunehmen, daß sich hier nunmehr das Gleichgewicht nach kurzer Zeit einstellt und dadurch eine Änderung in der Härte nicht mehr erfolgt.

Bei einer Gefügebetrachtung (Abb. 31–33) zeigt sich aber, daß die Karbidmenge, wenn auch nur in geringem Maße, mit steigender Haltezeit noch weiter abnimmt. Es wird also noch kein Gleichgewicht in den angewandten Haltezeiten erzielt, was sich ganz eindeutig auch bei noch höheren Härtetemperaturen durch die Ab-

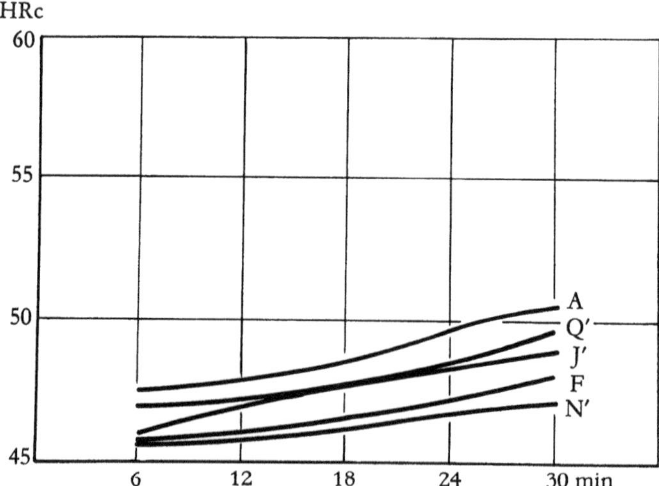

Abb. 29 Abhängigkeit der Härte von der Erwärmungs- plus Haltezeit bei einer Härtetemperatur von 930° C für verschiedene Stähle des Typs X 40 Cr 13

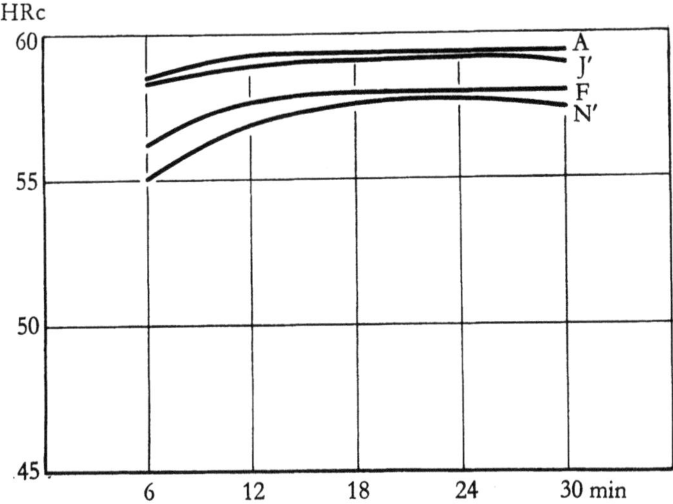

Abb. 30 Abhängigkeit der Härte von der Erwärmungs- plus Haltezeit bei einer Härtetemperatur von 1045° C für verschiedene Stähle des Typs X 40 Cr 13

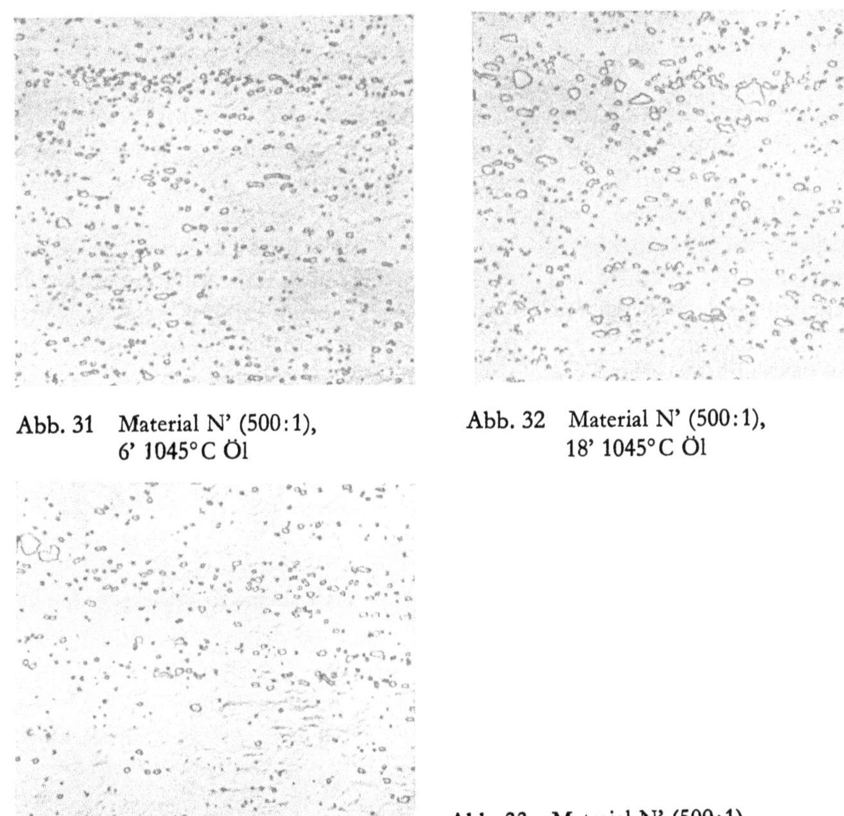

Abb. 31 Material N' (500:1), 6' 1045° C Öl

Abb. 32 Material N' (500:1), 18' 1045° C Öl

Abb. 33 Material N' (500:1), 30' 1045° C Öl

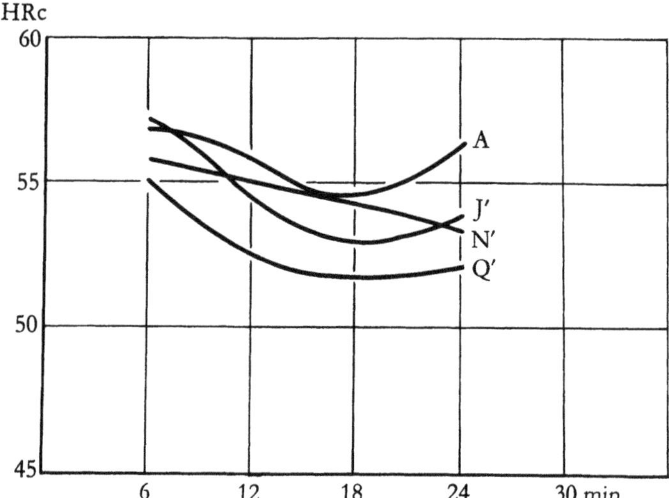

Abb. 34 Abhängigkeit der Härte von der Erwärmungs- plus Haltezeit bei einer Härtetemperatur von 1130° C für verschiedene Stähle des Typs X 40 Cr 13

nahme der Härte mit längerer Haltezeit erweist (Abb. 34). So kann also die im Bereich zwischen 12 und 30 Minuten Erwärmungs- plus Haltezeit ziemlich gleichbleibende Härte nicht auf mangelnde weitere Karbidlösung zurückgeführt werden. Die im Gegenteil beobachtete fortschreitende Karbidlösung führt zu einer Zunahme des Kohlenstoff- und Chromgehaltes in der Grundmasse. Wie schon ausgeführt, wirkt sich die Kohlenstoffzunahme im Sinne einer Härtesteigerung aus. Die Legierungszunahme bewirkt dagegen durch eine Erhöhung des Restaustenitgehaltes eine Härteabnahme. Bei den untersuchten Stählen und bei einer Temperatur von 1045° C scheinen nach einer Erwärmungs- plus Haltezeit von 12 Minuten zumindest bis zu 30 Minuten diese beiden gegenläufigen Einflüsse in ausgewogenem Maße entgegengesetzt wirksam zu sein. So ist es auch zu erklären, daß in den ermittelten Härtewerten keine Auswirkung der verlängerten Haltezeit spürbar wird.

Bei noch höheren Härtetemperaturen überwiegt der härtemindernde Einfluß höherer Restaustenitbildung, so daß mit längeren Haltezeiten eine Verringerung der Härteannahme festgestellt wird (Abb. 34). Bei den Kurvenverläufen für niedrige (930° C) und die im allgemeinen in etwa gebräuchliche Härtetemperatur (1045° C) unterscheiden sich die einzelnen Chargen nur in der absoluten Höhe der erreichten Härtewerte, wogegen die Tendenz der Kurvenverläufe durchaus vergleichbar bleibt. Bei der hohen Härtetemperatur zeigt sich nun aber der Verlauf dieser Kurven verschieden für die einzelnen Chargen. Vor allem fällt auf, daß bei verschiedenen Chargen nach anfänglichem Härteabfall mit längerem Halten ein Wiederanstieg in der Härte erfolgt. Dieser Effekt ist bereits auch im Rahmen anderer Untersuchungen beobachtet worden[1], ohne daß bisher eine endgültige

[1] Mündliche Mitteilung durch Herrn Dr. phil. A. Rose, Max-Planck-Institut für Eisenforschung.

Klärung der Ursache gefunden wäre. Da dieser Effekt erst im Überhitzungsbereich auftritt, somit für die Verwendung in der Praxis vorerst ohne Bedeutung ist, soll auch in dieser Arbeit den hierbei wirksamen Einflüssen nicht weiter nachgegangen werden. Es ist aber der Hinweis angebracht, daß diese Erscheinung vorzugsweise bei Stählen beobachtet wurde, die im Gleichgewichtszustand bei höheren Temperaturen den Bereich der Karbidphase Me_7C_3 durchlaufen [4]. Dieses Karbid enthält erheblich mehr Kohlenstoff als das Karbid $Me_{23}C_6$. So kann vermutet werden, daß bei längerem Halten zunächst neben der fortschreitenden Karbidauflösung sich Karbide des Typs Me_7C_3 bilden, die zur Bildung Kohlenstoff der Grundmasse entziehen bzw. daß bei der Auflösung der $Me_{23}C_6$-Karbide im Verhältnis mehr Cr in die Grundmasse übergeht als Kohlenstoff. Bei den hohen Temperaturen führt das zu einer Härteverminderung infolge erhöhten Restaustenitgehaltes. Bei der mit längerer Haltezeit dann einsetzenden Lösung der Me_7C_3-Karbide wird in erhöhtem Maße Kohlenstoff frei, wodurch möglicherweise der beobachtete Wiederanstieg der Härte bewirkt wird.

Diese Vermutung würde dem beobachteten Zusammenhang zwischen dem Auftreten dieses Effektes und der Gleichgewichtslage im Dreistoffsystem Fe-C-Cr entsprechen. Untersuchungen zur genauen Klärung der Karbidlösungs- bzw. -umbildungsverhältnisse würden über das Ziel der vorliegenden Arbeit weit hinausgehen und die Untersuchungsmöglichkeiten des Institutes erheblich übersteigen. Daß die unterschiedliche Haltezeit einen Einfluß auf die Auflösbarkeit der Karbide ausübt und andererseits die Auflösbarkeit der Karbide merklich von ihrer Größe und Verteilung abhängig ist, soll an Hand der Kurven in Abb. 35 gezeigt werden. Die in der Analyse vergleichbaren Chargen P und U unterscheiden sich in ihrer Karbidgröße deutlich voneinander (s. Abschnitt II.3.b). Wie man erkennt, zeigt

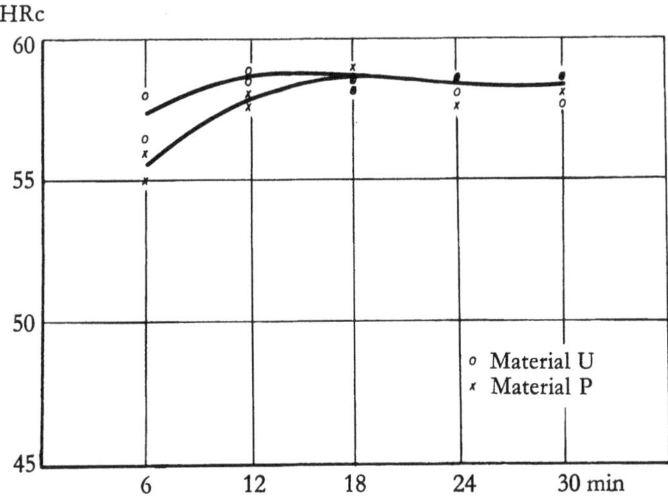

Abb. 35 Abhängigkeit der Härte von der Erwärmungs- plus Haltezeit bei einer Härtetemperatur von 1045° C für zwei in der Karbidgröße verschiedene Stähle des Typs X 40 Cr 13

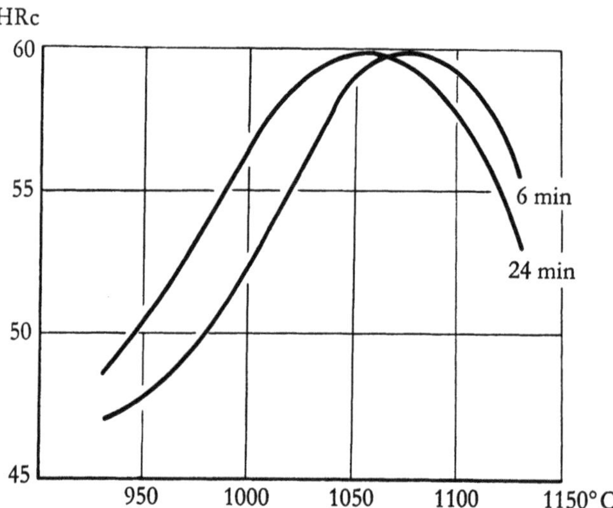

Abb. 36 Einfluß der Haltezeit auf die Lage der Härte-Härtetemperaturkurven eines Stahles vom Typ X 40 Cr 13

die Charge P bei kurzen Zeiten (bis zwölf Minuten Erwärmungs- plus Haltezeit) geringere Härten als die Proben der Charge U. Erst bei längeren Zeiten ist bei beiden Chargen gleiche Härte zu beobachten. Die größeren Karbide der Charge P bedürfen also längerer Lösungszeiten bis zu einem dem Material mit kleinen Karbiden gleichen Lösungszustand. Es bestätigt sich hier die bereits bekannte Tatsache, daß für die Härtung und Vergütung sonderkarbidhaltiger Stähle im allgemeinen gleichmäßig verteilte feinkörnige Karbide die günstigsten Ausgangsbedingungen darstellen.

Ganz allgemein kann festgestellt werden, daß eine Verlängerung der Haltezeit in gleicher Weise wie eine Temperaturerhöhung auf die Härte einwirkt. So erfolgt eine Härtesteigerung bei Temperaturen unterhalb der des Härtemaximums, darüber jedoch eine Verminderung der Härte. Allerdings zeigen die Untersuchungen auch, daß der Haltezeiteinfluß keineswegs sehr stark ist. So wurden im äußersten Falle, und das auch nur im Bereich noch ungenügender Haltezeiten, Härtezunahmen von 1 HRC pro Minute festgestellt. Normalerweise liegen die Werte jedoch bedeutend niedriger, und im Bereich normaler Härtetemperaturen um 1050° C ist eine Härtebeeinflussung kaum noch festzustellen.

Die Veränderung der Lage der Härte-Härtetemperaturkurven möge Abb. 36 kurz veranschaulichen, welche die Kurven für den gleichen Stahl bei sechs und 24 Minuten Erwärmungs- plus Haltezeit zeigt.

Man erkennt deutlich die Verschiebung des Härtemaximums zu niedrigeren Temperaturen, die ungefähr 30° C ausmacht. Ähnliche Verhältnisse wurden auch bei den anderen untersuchten Stählen angetroffen.

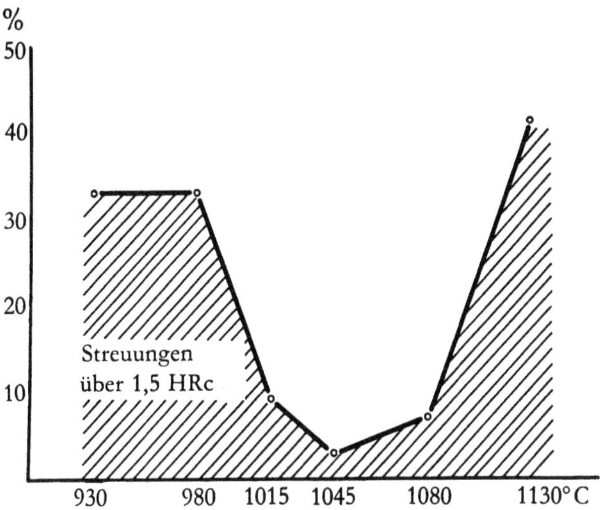

Abb. 37 Abhängigkeit der Streuungen der Härtewerte von der Härtetemperatur

e) Streuung der Härtewerte

Bei der Durchführung der beschriebenen Versuche wurde die Wärmebehandlung mit besonderer Sorgfalt vorgenommen. Daher überraschte es um so mehr, daß bei der Härteprüfung sowohl an der einzelnen Probe als auch bei den Proben gleicher Charge und Behandlung die Härtewerte bisweilen unerwartet stark streuten. Von seiten der Gefügeausbildung her konnten dafür keine Gründe gefunden werden. Eine nähere Betrachtung über das Auftreten größerer Streuungen läßt interessanterweise eine gewisse Abhängigkeit von den Härtungsbedingungen erkennen. Zur Veranschaulichung ist in Abb. 37 die Häufigkeit des Auftretens von Streuungen über 1,5 HRC in Abhängigkeit von der Härtetemperatur aufgetragen.

Diesen Angaben liegen die gesamten mit mehreren Versuchsproben einer Charge belegten Punkte der durchgeführten Wärmebehandlungen zugrunde. Die Probenzahl für die einzelnen Punkte war jedoch zu gering, um zusätzlich diese Angaben nach den verschiedenen Erwärmungs- plus Haltezeiten abstufen zu können. Man hätte in diesem Falle vielleicht eine Verlagerung des Streuminimums zu niedrigeren Temperaturen bei längeren Haltezeiten erwarten können. Hier mußten also die Proben aller Haltezeiten bei den entsprechenden Temperaturen zugrunde gelegt werden. Dabei zeigt sich trotzdem eine ganz eindeutige Tendenz. Die Streuungen sind am geringsten bei Härtetemperaturen im Bereich von rd. 1045 bis 1080° C. Darüber und darunter sind sie erheblich höher. Die Bereiche größerer Streuungen entsprechen den Gebieten, in denen die Härte-Härtetemperaturkurven einen mehr oder weniger starken Anstieg oder Abfall aufweisen. Möglicherweise sind trotz gleichzeitiger Wärmebehandlung der Proben doch gewisse Unterschiede, vorzugsweise im Grad der Umwandlung und Auflösung, vorhanden, die durch die Lage der Probe im Ofen hervorgerufen wurden. Derartige, wenn auch

bei den sehr sorgfältig durchgeführten Versuchen gegenüber der Praxis wohl sehr geringe Unterschiede führen im Bereich starken Härteanstiegs oder -abfalls zu Härtestreuungen. Demgegenüber sind im Bereich ziemlich gleicher Härte, in Nähe des Härtemaximums, die Streuungen gering.
Ein Vergleich des Auftretens größerer Streuungen in Abhängigkeit von der Haltezeit zeigte keinen Zusammenhang. Hier führen ja auch erst erheblich größere Unterschiede in der Zeit zu meßbaren, geringfügigen Härteänderungen.

IV. Zusammenfassung und Ausblick

Es wurden Untersuchungen über das Härtungsverhalten des rostbeständigen Chromstahles X 40 Cr 13 durchgeführt. Die durch Herstellung und Verarbeitung des Materials unvermeidbaren Unterschiede in der chemischen Zusammensetzung und der Gefügeausbildung wurden aufgezeigt. Die auf Grund dieser Unterschiede möglichen Einflüsse auf die Härtung wurden untersucht.
Es konnte nachgewiesen werden, daß mit zunehmendem Chromgehalt eine verminderte Härteannahme erfolgt. Dieser Härteabfall konnte auf den sich einstellenden erhöhten Restaustenitgehalt zurückgeführt werden. Ein steigender Kohlenstoffgehalt im Stahl führt zu einem Anstieg der erzielten Härte. Da beide Bestandteile im zulässigen Konzentrationsbereich in recht großen Grenzen verschieden vorliegen können, kann es zu sehr extremen Verhältnissen kommen, wodurch ein sehr bemerkenswerter Einfluß auf die erreichte Härte ausgeübt wird.
Ein erheblicher Einfluß auf die Härteannahme ergab sich auch durch Unterschiede im Siliziumgehalt. So kommt es bei höheren Si-Gehalten zu deutlich geringerer Härte.
In der Gefügeausbildung wurde die Karbidgröße und -anordnung besonders berücksichtigt, da hiervon das Auflösungsverhalten und damit der Gehalt von Chrom- und Kohlenstoff in der Grundmasse abhängt, so daß hieraus ein Einfluß auf die Härteannahme möglich wird. Ein solcher Einfluß wurde bei kürzeren Auflösungszeiten (Erwärmungs- plus Haltezeit bis ca. zwölf Minuten) beobachtet. Hierbei ist die Auflösung der gröberen Karbide noch soweit verzögert, daß eine merklich geringere Härte vorliegt. Mit längeren Zeiten ist ein Unterschied in der Härteannahme nicht mehr festzustellen.
Eine Änderung der Erwärmungs- plus Haltezeit zwischen zwölf und 30 Minuten führte bei Temperaturen im Bereich um ca. 1050° C, in dem in den meisten Fällen die höchste Härte erzielt wurde, zu keiner nennenswerten Härteänderung. Bei niedrigeren Temperaturen konnte ein Härteanstieg mit längerer Haltezeit beobachtet werden, während es bei höheren Temperaturen bei zunehmender Karbidauflösung durch längeres Halten auf Temperatur zunächst zu einer Verminderung der Härte kam. Verschiedentlich wurde hier jedoch nach dem anfänglichen Härteabfall mit längeren Haltezeiten wieder ein Ansteigen der Härte festgestellt. Die Ursache für diese Erscheinung konnte bisher noch nicht eindeutig geklärt werden.
Die Unterschiede der Haltezeit wirken sich aber bei weitem nicht so schwerwiegend auf die erzielte Härte aus wie z. B. geringe Schwankungen der Härtetemperatur, bei denen es besonders bei zu niedrig gewählten Temperaturen zu

Härteänderungen von über 1 HRC bei nur 10° C Temperaturunterschied kommen kann.

Dabei wird auch erklärlich, daß es selbst bei sorgfältiger Härtung durchaus zu Streuungen der Härtewerte kommen kann. Diese Streuungen traten dann um so häufiger auf, wenn die jeweilige Härtetemperatur in einem Bereich lag, in dem es schon bei geringen Temperaturänderungen zu starken Unterschieden in der erzielten Härte kommt. Im Bereich der höchsten erreichbaren Härte sind die Streuungen demgemäß am geringsten.

Zusammenfassend zeigt sich, daß die festgestellten Einflüsse fast nur bei ungenügenden oder zu hohen Härtetemperaturen und bei zu kurzen Haltezeiten stärker hervortreten. Von der Zusammensetzung her sollte vorsichtshalber die Verarbeitung dicht an den zulässigen Grenzen für den C- und Cr-Gehalt liegender Stähle vermieden werden. Der Si-Gehalt sollte nach den Ergebnissen dieser Versuche nicht über 0,4 (höchstens bis 0,5%) liegen, um eine zu starke Verminderung der erreichbaren Härte zu vermeiden.

Im Hinblick auf die endgültige Verwertung der gemachten Beobachtungen bleibt jedoch noch abzuwarten, wie sich diese Stähle beim Anlassen verhalten und wie die anderen Qualitätsmerkmale (wie insbesondere die Korrosionsbeständigkeit) beeinflußt werden. Zu diesen Themen sind weitere Untersuchungen vorgesehen, über deren Ergebnisse später berichtet werden soll.

Die Wirkung verschiedener Einflußgrößen konnte in dieser Arbeit deutlich aufgezeigt werden, ohne daß es jedoch möglich war, in allen Einzelheiten die Ursachen der festgestellten Qualitätsänderungen restlos zu klären. Es sind somit verschiedene Fragen einer späteren Bearbeitung vorbehalten geblieben, da ihre Klärung weit über den Rahmen der hier gestellten Aufgabe hinausgehen würde und zudem den Einsatz von besonderen Prüf- und Meßverfahren bedingt.

Dipl.-Ing. Hans Stüdemnan

Dr. Ing. Fritz Esselborn

V. Literaturverzeichnis

[1] Kurek, F., und W. Klein, Schneidwaren. Droste Verlag, Düsseldorf 1951.

[2] Houdremont, E., Handbuch der Sonderstahlkunde, 1. Bd., 3. Auflage. Verlag Stahleisen, Düsseldorf 1956.

[3] Atlas zur Wärmebehandlung der Stähle. Herausgegeben vom Max-Planck-Institut für Eisenforschung in Zusammenarbeit mit dem Werkstoffausschuß des Vereins Deutscher Eisenhüttenleute. Teil II von A. Rose, W. Peter, W. Strassburg und L. Rademacher. Düsseldorf 1954, 1956, 1958.

[4] Bungardt, K., E. Kunze und E. Horn, Arch. Eisenhüttenwesen 29 (1958), S. 193–203.

FORSCHUNGSBERICHTE DES LANDES NORDRHEIN-WESTFALEN

Herausgegeben im Auftrage des Ministerpräsidenten Dr. Franz Meyers von Staatssekretär Prof. Dr. h. c. Dr.-Ing. E. h. Leo Brandt

EISENVERARBEITENDE INDUSTRIE

HEFT 39
Forschungsgesellschaft Blechverarbeitung e. V., Düsseldorf
Untersuchungen an prägegemusterten und vorgelochten Blechen
1953, 46 Seiten, 34 Abb., DM 9,50

HEFT 43
Forschungsgesellschaft Blechverarbeitung e. V., Düsseldorf
Forschungsergebnisse über das Beizen von Blechen
1953, 48 Seiten, 38 Abb., 3 Tabellen, DM 11,30

HEFT 51
Verein zur Förderung von Forschungs- und Entwicklungsarbeiten in der Werkzeugindustrie e. V., Remscheid
Untersuchungen an Kreissägeblättern für Holz, Fehler- und Spannungsprüfverfahren
1953, 50 Seiten, 23 Abb., DM 10,—

HEFT 56
Forschungsgesellschaft Blechbearbeitung e. V., Düsseldorf
Untersuchungen über einige Probleme der Behandlung von Blechoberflächen
1954, 52 Seiten, 42 Abb., DM 11,20

HEFT 60
Forschungsgesellschaft Blechbearbeitung e. V., Düsseldorf
Untersuchungen über das Spritzlackieren im elektrostatischen Hochspannungsfeld
1954, 82 Seiten, 53 Abb., 7 Tabellen, DM 17,—

HEFT 61
Verein zur Förderung von Forschungs- und Entwicklungsarbeiten in der Werkzeugindustrie e. V., Remscheid
Schwingungs- und Arbeitsverhalten von Kreissägeblättern für Holz
1954, 54 Seiten, 31 Abb., DM 11,40

HEFT 65
Fachverband Schneidwarenindustrie, Solingen
Untersuchungen über das elektrolytische Polieren von Tafelmesserklingen aus rostfreiem Stahl
1954, 90 Seiten, 38 Abb., 9 Tabellen, DM 17,35

HEFT 87
Gemeinschaftsausschuß Verzinken, Düsseldorf
Untersuchungen über Güte von Verzinkungen
1954, 68 Seiten, 56 Abb., 3 Tabellen, DM 15,30

HEFT 98
Fachverband Gesenkschmieden, Hagen
Die Arbeitsgenauigkeit beim Gesenkschmieden unter Hämmern
1955, 132 Seiten, 55 Abb., 9 Tabellen, DM 24,75

HEFT 116
Prof. Dr.-Ing. E. Siebel und Dr.-Ing. H. Weiss, Stuttgart
Untersuchungen an einigen Problemen des Tiefziehens — I. Teil
1955, 74 Seiten, 50 Abb., 6 Tabellen, DM 14,50

HEFT 117
Dr.-Ing. H. Beißwänger, Stuttgart, und Dr.-Ing. S. Schwandt, Trier
Untersuchungen an einigen Problemen des Tiefziehens — II. Teil
1955, 92 Seiten, 34 Abb., 8 Tabellen, DM 17,70

HEFT 150
Prof. Dr.-Ing. O. Kienzle und Dipl.-Ing. F. W. Timmerbeil, Hannover
Das Durchziehen enger Kragen an ebenen Fein- und Mittelblechen
1955, 52 Seiten, 20 Abb., 8 Tabellen, DM 11,30

HEFT 177
Dipl.-Ing. H. Stüdemann, Solingen, und Dr.-Ing. W. Müchler, Essen
Entwicklung eines Verfahrens zur zahlenmäßigen Bestimmung der Schneideigenschaften von Messerklingen
1956, 104 Seiten, 68 Abb., 4 Tabellen, DM 22,20

HEFT 224
Dipl.-Ing. H. Stüdemann und Ing. R. Beu, Solingen
Verfahren zur Prüfung der Korrosionsbeständigkeit von Messerklingen aus rostfreiem Stahl
1956, 82 Seiten, 28 Abb., DM 16,90

HEFT 225
Dr.-Ing. E. Barz, Remscheid
Der Spannungszustand von Gattersägeblättern
1956, 74 Seiten, 54 Abb., DM 16,50

HEFT 277
Dr.-Ing. W. Müchler, Essen
Untersuchung und zahlenmäßige Bestimmung der Schneideigenschaften von Messern mit besonderer Berücksichtigung rostfreier Messerstähle
1956, 60 Seiten, 27 Abb., 5 Tabellen, DM 13,20

HEFT 283
Prof. Dr. F. Wever und Dr.-Ing. W. Lueg, Düsseldorf
Warmstauchversuche zur Ermittlung der Formänderungsfestigkeit von Gesenkschmiede-Stählen
1956, 44 Seiten, 19 Abb., DM 9,90

HEFT 285
Prof. Dr.-Ing. O. Kienzle, Dr.-Ing. K. Lange, Hannover und Dipl.-Ing. H. Meinert, Osterode
Einfluß der Oberfläche auf das Verschleißverhalten von Schmiedegesenken
1956, 62 Seiten, 29 Abb., 8 Tabellen, DM 14,60

HEFT 286
Dr.-Ing. K. Lange, Hannover, Dipl.-Ing. H. Meinert, Osterode, unter Mitarbeit von Dr.-Ing. H. Arend, Mühlheim (Ruhr)
Verschleißverhalten hartverchromter Schmiedegesenke
1956, 74 Seiten, 53 Abb., 6 Tabellen, DM 17,65

HEFT 321
Prof. Dr. F. Wever, Düsseldorf, und
Dr. W. Wepner, Köln
Gleichzeitige Bestimmung kleiner Kohlenstoff- und Stickstoffgehalte im *a*-Eisen durch Dämpfungsmessung
1956, 30 Seiten, 3 Abb., 4 Tabellen, DM 6,80

HEFT 322
Prof. Dr.-Ing. F. Bollenrath und
Dipl.-Ing. W. Domke, Aachen
Eigenspannungen in vergüteten, dickwandigen Stahlzylindern nach Oberflächenhärtung mit induktiver Erwärmung
1956, 30 Seiten, 9 Abb., 2 Tabellen, DM 6,90

HEFT 360
Dr.-Ing. E. Barz, Remscheid
Fertigungsverfahren und Spannungsverlauf bei Kreissägeblättern für Holz
1957, 68 Seiten, 40 Abb., DM 17,—

HEFT 367
Dr. rer. nat. D. Horstmann, Düsseldorf
Der Angriff eisengesättigter Zinkschmelzen auf kohlenstoff-, schwefel- und phosphorhaltiges Eisen
1957, 52 Seiten, 22 Abb., 6 Tabellen, DM 12,85

HEFT 375
Technischer Überwachungsverein e. V., Essen
Wanddickenmessungen mittels radioaktiver Strahlen und Zählrohrgerät
1958, 38 Seiten, 15 Abb., DM 9,55

HEFT 376
Technischer Überwachungsverein e. V., Essen
Wasserumlaufprobleme an Hochdruckkesseln
1958, 140 Seiten, 56 Abb., 8 Tabellen, DM 32,60

HEFT 377
Technischer Überwachungsverein e. V., Essen
Versuche an Wanderrostkesseln mit befeuchteter Verbrennungsluft
1958, 36 Seiten, 19 Abb., 2 Tabellen, DM 12,20

HEFT 395
Dipl.-Ing. L. Hahn, Clausthal-Zellerfeld
Untersuchungen zur Frage des optimalen Bohrloch- und Patronendurchmessers
1957, 132 Seiten, 49 Abb., 19 Tabellen, DM 31,25

HEFT 445
Dr.-Ing. E. Barz, Remscheid
Fertigungs- und Prüfverfahren für Feilen
vergriffen

HEFT 447
Prof. Dr.-Ing. F. Bollenrath, Aachen
Dr.-Ing. H. Füllenbach, Seesen (Harz), und
Dipl.-Ing. J. Schumacher, Neubeckum (Westf.)
Entwicklung rationell arbeitender Spritzkabinen
1958, 44 Seiten, 26 Abb., DM 13,55

HEFT 473
Prof. Dr. phil. F. Wever, Dr.-Ing. W. Lueg und
Dipl.-Ing. P. Funke jr. Düsseldorf
Versuche an einer hydraulischen 25 t-Stangenziehbank
1957, 34 Seiten, 11 Abb., DM 8,95

HEFT 557
Dr.-Ing. H. Schiffers, Dipl.-Ing. D. Ammann,
Dipl.-Ing. E. Brugger und Dipl.-Ing. R. Dicke, Aachen
Härtbarkeit von Gußeisen mit Lamellen- und Kugelgraphit in Abhängigkeit von Zusammensetzung und Gefüge
1958, 30 Seiten, 24 Abb., 1 Tabelle, DM 11,—

HEFT 630
Prof. Dr. phil. W. Koch und
Dr. techn. Dipl.-Ing. H. Malissa, Düsseldorf
Beiträge zur Spurenanalyse im Reinsteisen
1958, 26 Seiten, 8 Tabellen, DM 7,60

HEFT 639
Prof. Dr.-Ing. habil. K. Krekeler, Dr.-Ing. H. Peukert und Dipl.-Ing. O. Schwarz, Aachen
Auswertung der in- und ausländischen Literatur auf dem Gebiete des Metallklebens
1958, 152 Seiten, DM 37,80

HEFT 655
Dr. rer. pol. A. Th. Wuppermann, Leverkusen,
Prof. Dr.-Ing. M. Pfender und
Reg.-Rat Dipl.-Ing. E. Amedick, Berlin
Untersuchung des Einflusses von Oberflächenfehlern auf die Dauerhaltbarkeit von Kurbelwellen
1958, 48 Seiten, 101 Abb., 4 Tabellen, DM 10,—

HEFT 680
Prof. Dr. phil. W. Koch, Dr.-Ing. habil. A. Krisch und Dipl.-Phys. H. Rohde, Düsseldorf
Änderungen im Gefügeaufbau austenitischer Chrom-Nickel-Stähle bei Zeitstandversuchen von mehrjähriger Dauer
1959, 38 Seiten, 23 Abb., 5 Tabellen, DM 12,20

HEFT 681
Prof. Dr.-Ing. Dr.-Ing. E. h. H. Schenk und Dr.-Ing. W. Wenzel, Aachen
Die Reduktion von Eisenerzen im Elektro-Fließbett
1959, 76 Seiten, 20 Abb., 12 Tabellen, DM 19,60

HEFT 693
Prof. Dr.-Ing. O. Kienzle, Hannover
Einige Untersuchungen über das Schneiden von Blechen
1959, 56 Seiten, 54 Abb., 3 Tabellen, DM 17,40

HEFT 702
Prof. Dr. phil. W. Koch und Dipl.-Phys. Dr. rer. nat. H. Lüdering, Düsseldorf
Statistische Auswertung von Thomasroheisenproben guter und schlechter Verblasbarkeit
1959, 20 Seiten, 3 Abb., 3 Tabellen, DM 6,50

HEFT 703
Prof. Dr. phil. W. Koch und Dipl.-Phys. Dr. phil. H. Sundermann, Düsseldorf
Isolierungstechnische Untersuchungen an Thomasroheisen
1959, 28 Seiten, 16 Abb., 1 Tabelle, DM 9,—

HEFT 705
Dr.-Ing. K. E. Mayer, Dr.-Ing. H. Knüppel, Ing. A. Stumpf, Dortmund, und Prof. Dr. phil. W. Koch, Düsseldorf
Wege zur automatischen Überwachung des Thomasverfahrens
1959, 56 Seiten, 20 Abb., 7 Tabellen, DM 14,80

HEFT 714
Prof. Dr.-Ing. W. Patterson, Aachen
Wirkung einer Gasspülung auf den Magnesiumverbrauch bei der Herstellung von Gußeisen mit Kugelgraphit
1959, 44 Seiten, 35 Abb., 14 Tabellen, DM 13,40

HEFT 728
Dr.-Ing. K. Spies, Dortmund
Die Zwischenformen beim Gesenkschmieden und ihre Herstellung durch Formwalzen
1959, 114 Seiten, 61 Abb., 1 Tabelle, DM 29,60

HEFT 740
Dr. rer. nat. D. Horstmann, Düsseldorf
Einfluß einiger Eisen- und Zinkbegleiter auf Größe und Art des Zinkangriffs auf Eisen
1959, 38 Seiten, 22 Abb., 1 Tabelle, DM 12,60

HEFT 741
Dipl.-Ing. H. Stüdemann, Dipl.-Ing. F. Esselborn und Ing. H. Hartmann, Solingen
Prüfung der Korrosionsbeständigkeit rostbeständiger Besteckbleche aus Chromstahl
1959, 32 Seiten, 30 Abb., 4 Tabellen, DM 10,30

HEFT 742
Dr.-Ing. E. Barz, Remscheid
Schneideigenschaften von schneidenden Zangen und Prüfverfahren
1959, 66 Seiten, 40 Abb., 4 Tabellen, DM 18,40

HEFT 757
Dr.-Ing. A. Schrader und Dr.-Ing. habil. A. Krisch, Düsseldorf
Mikroskopische Beobachtungen von Ausscheidungen in austenitischen und ferritischen Stählen nach dem Kriechversuch
1959, 22 Seiten, 22 Abb., 1 Tabelle, DM 8,60

HEFT 780
Prof. Dr. phil. F. Wever, Düsseldorf
Untersuchungen von Walzölen und Walzölemulsionen im Kaltwalzversuch
1959, 68 Seiten, 28 Abb., mehr. Tabellen, DM 18,50

HEFT 781
Dr.-Ing. E. Barz u. a., Remscheid
Verformungseinflüsse bei der Feilenherstellung
1959, 65 Seiten, 39 Abb., kart., DM 20,—

HEFT 840
Prof. Dr. phil. F. Wever, Dr.-Ing. H. G. Müller und Dr.-Ing. P. Funke, Düsseldorf
Versuchsmäßige und rechnerische Bestimmung von Walzkraft und Drehmoment unter Einwirkung von Bandzugspannungen beim Kaltwalzen von Bandstahl
1960, 36 Seiten, 12 Abb., 3 Tafeln, DM 10,90

HEFT 841
Dr. rer. nat. H. Blanck, Düsseldorf
Untersuchungen zur Kinetik des Martensitzerfalls
1960, 33 Seiten, 11 Abb., kart., DM 10,30

HEFT 889
Dipl.-Ing. W. Hufschmidt, Aachen
Die Eigenschaften von Rippenrohrluftkühlern im Arbeitsbereich der Klimaanlage
1960, 126 Seiten, 37 Abb., DM 33,30

HEFT 890
Dr.-Ing. H. Meyer, Hagen (Westf.)
Untersuchungen über den Umformvorgang in Waagerecht-Stauchmaschinen
1960, 76 Seiten, 61 Abb., 3 Tabellen, DM 21,90

HEFT 916
Dipl.-Ing. Hans-Joachim Grasemann, Forschungsgesellschaft Blechverarbeitung e. V., Düsseldorf
Der offene, kreuzende Scherschnitt an Blechen
1960, 138 Seiten, 66 Abb., 10 Tabellen, DM 40,70

HEFT 1000

Dipl.-Ing. Hartmut Tolkien, Institut für Werkzeugmaschinen und Umformtechnik der Technischen Hochschule Hannover

Schmierwirkungen in Schmiedegesenken

1961, 150 Seiten, 75 Abb., DM 44,90

HEFT 1001

Dipl.-Phys. Dr. rer. nat. Günter Langner, Institut für Elektronenmikroskopie an der Medizinischen Akademie, Düsseldorf

Die Informationsübertragung bei der Mikroskopie mit Röntgenstrahlen

1961, 126 Seiten, 7 Abb., DM 37,—

HEFT 1004

Dr.-Ing. Eginhard Barz, Verein zur Förderung von Forschungs- und Entwicklungsarbeiten in der Werkzeugindustrie e. V., Remscheid

Untersuchung von Schraubendrehern und Schraubenverbindungen

1961, 68 Seiten, 26 Abb., 12 Tab., DM 22,30

HEFT 1027

Dr.-Ing. Eginhard Barz, Verein zur Förderung von Forschungs- und Entwicklungsarbeiten in der Werkzeugindustrie e. V., Remscheid

Prüfung von Feilen

1961, 58 Seiten, 23 Abb., 7 Tab., DM 20,50

HEFT 1028

Dipl.-Ing. S. Stendorf, Verein zur Förderung von Forschungs- und Entwicklungsarbeiten in der Werkzeugindustrie e. V., Remscheid

Das Gleitstauchen von Schneidezähnen an Sägen für Holz

1961, 138 Seiten, 85 Abb., 9 Tab., DM 47,10

HEFT 1056

Dr.-Ing. Oskar Pawelski, Dr.-Ing. Werner Luegt, Max-Planck-Institut für Eisenforschung, Düsseldorf

Der Spannungszustand beim Ziehen und Einstoßen von runden Stangen

1962, 106 Seiten, 35 Abb., 10 Tab., DM 33,60

HEFT 1089

Direktor Dipl.-Ing. Hans Stüdemann, Dipl.-Ing. Fritz Esselborn, Forschungsinstitut an der Fachschule für Metallgestaltung, Solingen

Untersuchungen über den Einfluß der Zusammensetzung und Gefügeausbildung auf das Härtungsverhalten des Stahles x 40 Cr 13

In Vorbereitung

HEFT 1091

Dipl.-Ing. Kurt Buchmann, Forschungsgesellschaft Blechverarbeitung e.V., Düsseldorf

Beitrag zur Verschleißbeurteilung beim Schneiden von Stahlfeinblechen

In Vorbereitung

Ein Gesamtverzeichnis der Forschungsberichte, die folgende Gebiete umfassen, kann vom Verlag angefordert werden:

Acetylen / Schweißtechnik - Arbeitswissenschaft - Bau / Steine / Erden - Bergbau - Biologie - Chemie - Eisenverarbeitende Industrie - Elektrotechnik / Optik - Fahrzeugbau / Gasmotoren - Farbe / Papier / Photographie - Fertigung - Funktechnik / Astronomie - Gaswirtschaft - Hüttenwesen / Werkstoffkunde - Kunststoffe - Luftfahrt / Flugwissenschaften - Maschinenbau - Medizin / Pharmakologie / NE-Metalle - Physik - Schall / Ultraschall - Schiffahrt - Textiltechnik / Faserforschung / Wäschereiforschung - Turbinen - Verkehr - Wirtschaftswissenschaft.

WESTDEUTSCHER VERLAG · KÖLN UND OPLADEN

567 Opladen/Rhld., Ophovener Straße 1-3

GPSR Compliance
The European Union's (EU) General Product Safety Regulation (GPSR) is a set of rules that requires consumer products to be safe and our obligations to ensure this.

If you have any concerns about our products, you can contact us on

ProductSafety@springernature.com

In case Publisher is established outside the EU, the EU authorized representative is:

Springer Nature Customer Service Center GmbH
Europaplatz 3
69115 Heidelberg, Germany

www.ingramcontent.com/pod-product-compliance
Ingram Content Group UK Ltd.
Pitfield, Milton Keynes, MK11 3LW, UK
UKHW061658190726
13853UKWH00008B/2274
* 9 7 8 3 6 6 3 0 6 5 3 0 2 *